JN409742

백두산 꽃나들이

백두산 야생화 탐사 가이드북

백두산 꽃나들이

백두산 야생화 탐사 가이드북

이재능 지음

(학)신구학원 신구문화사

백두산 꽃들에게 바치는 연서

'동해물과 백두산'을 '마르고 닳도록' 부르며 살아온 세월이 반세기가 훌쩍 지났습니다. 애국가를 부를 때마다 무의식적으로 그리던 백두산을 비록 남의 나라 땅을 통해서나마 갈 수 있게 된 지도 꽤 오래되었습니다. 백두산 천지는 애국가보다 훨씬 장엄했고 가슴 벅찼었습니다. 그것만으로도 눈물 나는 감격이었지만 이내 끝없이 펼쳐진 천상화원의 꽃들에게 홀딱 반해버렸습니다.

그 고산초원에는 천지 주변의 눈이 녹는 유월 중순부터 첫서리가 내리는 팔월 중순까지 수많은 꽃들이 황홀하게 피었습니다. 천국의 꽃밭이라는 찬사를 바쳐도 부족할 장관이었습니다. 국내에서는 몇 포기밖에 없는 희귀한 식물들도 원 없이 볼 수 있어서 좋았습니다. 어디 백두산뿐이겠습니까. 시인 윤동주가 어릴 적 뛰놀던 간도 땅 작은 동산에 핀 꽃들은 우리말로 반가운 인사를 건넸습니다.

백두고원에서 아득한 만주벌판을 보았고 다시 가슴이 뛰기 시작했습니다. 그리고 내몽고, 몽골, 중앙아시아의 대자연으로 깊숙이 빠져들어 갔습니다. 백두고원은 꿈이 현실이 되고, 그리움의 세계를 대륙으로 펼쳐준 발판이었습니다.

천지를 열여덟 번 올랐고 만주에서 몽골까지도 여러 해 다녔으나, 그 거대한 산과 대지가 품고 있는 식물의 백분의 일이나 보았을는지 모르겠습니다. 그런데 백두산과 만주벌판의 꽃들에 반해버린 꽃벗들이 뜻밖에 많았습니다. 그분들이 '자연을 사랑하는 모임 인디카'에 남겨놓은 자료들이 한 권의 책으로 엮어보고 싶은 욕심을 충동질했습니다. 귀한 작품을 즐거이 보내주고 조언해 주신 많은 꽃벗들에게 마음 깊이 감사를 전합니다.

그러므로 애당초 이 책은 전문적인 연구와는 거리가 멉니다. 백두산 꽃에 무작정 반해버린 꽃벗들의 연서 모음집이라고나 할까요. 혹여 이 책에서 아는 체하는 구석이 보인다면 그건 꽃들의 이름을 제대로 불러주려는 최소한의 성의일 뿐입니다.

수년 동안 집을 떠나 탐사와 저작에 전념할 수 있게 해준 아내와 자녀들이 참으로 고마웠습니다. 통일의 그날은 기약할 수 없으나, 남북의 왕래라도 자유로워져서 우리 땅 백두의 꽃들로 이 책을 다시 만들 꿈을 꾸어 봅니다.

한라산 남쪽 마을에서

2019. 9. 20. 이재능

일러두기

· 이 책에는 백두산과 그 주변지역에서 볼 수 있는 식물 중, 국내에서 발견되지 않은 식물 179종과 국내의 일부 고산지대 등 제한된 지역에서 드물게 볼 수 있는 96종을 포함하여 모두 275종의 식물을 수록하였다.

· 책의 편성은 천지와 백두산 정상부의 고산화원을 중심으로 주변지역으로 가면서, 대체로 높이를 기준하여 4개 장으로 구성하고, 습지식물과 난과 식물은 각각 별도의 장으로 구분하여 편집하였다.

- **천지 주변과 고산화원 :** 수목한계선보다 높은 지대의 초원지대에 자라는 초본과 작은 관목
- **백두산 자락 수목지대 :** 수목한계선 아래로부터 백두산 자연보호구역 경계까지의 식물
- **백두산 주변의 산과 들 :** 탐사가 자유로운 자연보호구역 밖의 산야에 분포하는 식물
- **북간도와 고구려 옛 땅 :** 연변, 장백현, 돈화, 두만강 하류, 내몽고 등지에 분포하는 식물
- **고원과 대평원의 습지 :** 백두산 고원지대 및 만주벌판에 산재한 습지에 자라는 식물
- **백두산에 피는 난초들 :** 국내에도 비교적 흔한 타래난초, 옥잠난초 등을 제외한 30종

· 분류학적 관점보다는 취미생활자들의 관심사항인 자생환경, 간략한 식별 포인트와 특징, 인문학적 의미나 식물명의 유래 등을 종합적으로 간명하게 기술하였다.

· 탐사의 편의를 위하여 가급적 자생지역을 넓게 볼 수 있는 사진을 게재하고, 촬영지역과 일자를 명시하였다.

· 식물에 대해 기본적이고 반복적으로 기술되어야 할 내용은 다음의 아이콘으로 표시하였다.

초본의 생육상태

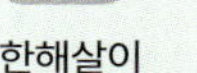
한해살이

두해살이

여러해살이

한해 또는 두해살이

목본의 생육상태

늘푸른 떨기나무

갈잎 떨기나무

늘푸른 큰키나무

갈잎 큰키나무

늘푸른 덩굴나무

갈잎 덩굴나무

줄기의 모양

직립

덩굴

비스듬

기는줄기(포복지)

줄기 없이 꽃대를 올리는 식물

잎차례

어긋나기

마주나기

돌려나기

모여나기

외잎식물

특기사항

국내에서도 드물게 발견되는 종

백두산 주변 주요 지명 요도

혜산시
압록강
장백현
압록대협곡
남파산문
남 파
오십령
만강진
(지남구)
금강대협곡
서 파
왕지
서파산문
남
동
서
북
송강하
(지서구)

차례

천지 주변과 고산화원

담자리꽃나무
좀설앵초
고산봄맞이
구름꽃다지
산꽃다지
두메냉이
개머위
담자리참꽃
노랑만병초
들쭉나무
좀참꽃
가솔송
하늘매발톱
긴털바람꽃
나도여로
개감채
숙은꽃장포
검은꽃장포
등대시호 / 좁시호
부전바디
고산바디

천문봉 자락의 두메자운 군락

두메자운
눈산버들 / 콩버들
천지괭이눈
구름범의귀
호범꼬리 / 씨범꼬리
긴개싱아
나도수영
구름송이풀
두메잔대
비로용담
산용담
바위돌꽃
가지돌꽃
좁은잎돌꽃
나도개미자리
오랑캐장구채
흰장구채
가는다리장구채
난쟁이패랭이꽃
구름패랭이꽃
두메양귀비
너도양지꽃
구름국화
바위구절초
두메분취
껄껄이풀
황새고랭이
설령쥐오줌풀

담자리꽃나무 장미과

Dryas octopetala var. *asiatica* (Nakai) Nakai

담자리꽃나무는 난장이 꽃나무라는 뜻이다. 백두산 정상부의 식물들이 거의 그렇듯이 한 뼘이 되지 않는 높이로 자란다. 6월 중순부터 7월 초순 사이에 찔레꽃을 닮은 꽃이 가지 끝에 한 개씩 달리며, 꽃잎은 8~9장이고 가운데는 노란색을 띤다.

2011. 6. 17. 천문봉 자락

좀설앵초 앵초과

Primula sachalinensis
Nakai

6월 중순, 응달진 비탈의 잔설을 바라보며 꽃을 피우고, 산자락 아래의 숲 그늘에서도 자란다. 한라산의 설앵초보다 훨씬 작고 잎자루와 톱니가 거의 없다. 반 뼘이 채 되지 않는 높이에 다섯 개 쯤 꽃이 달리고, 엄지손톱만한 어린 개체에는 한두 개의 꽃이 핀다.

소천지의 어린 개체

한라산의 설앵초

2019. 7. 19. 천문봉 자락 ©전숙희

고산봄맞이 앵초과

Androsace lehmanniana Spreng.

해발 2,500m 이상의 고산툰드라에는 6월에 눈이 녹으면서 짧은 봄이 온다. 백두산봄맞이라고도 부르는 고산봄맞이는 건조한 암석지대에서 손가락 높이로 자란다. 6~7월에 지름 8mm 쯤 되는 꽃이 피고, 꽃 중심부가 노란색에서 붉은색으로 변한다.

2011. 6. 17. 천문봉 자락

구름꽃다지 십자화과

Draba daurica var. *ramosa*
Pohl & Bush

고산초원에서 산자락 아래 숲 가장자리까지 분포한다. 가지를 치면서 반 뼘 높이로 자라고, 전체에 짧은 털이 빽빽하게 난다. 잎자루는 없고, 잎가장자리에 둔한 톱니가 있다. 6~7월에 냉이꽃 크기의 두 배 쯤 되는 꽃 5~10개가 줄기 끝에 달린다.

2011. 6. 18. 장백폭포

산꽃다지 십자화과

Draba glabella Pursh

구름꽃다지와 자생환경, 잎차례와 꽃차례, 개화시기가 거의 같다. 구름꽃다지는 밑동에서 여러 개의 가지를 치는 반면에 산꽃다지는 가지를 치지 않고 줄기가 직선형으로 곧게 선다.

* 2015년에 「흰꽃 피는 꽃다지속 2종」에 대해 새로운 논문이 발표되었으나, 이 책은 국가표준식물목록을 기준으로 작성함.

2012. 8. 10. 차일봉 ©민경화

두메냉이 십자화과

Cardamine changbaiana
Al-Shehbaz

백두산의 정상부에서 손가락 길이 정도로 자라는 논냉이의 축소판이다. 뿌리잎은 모여나고 줄기잎은 어긋나지만 줄기가 짧아서 모두 모여난 것처럼 보인다. 잎은 끝부분 갈래조각이 가장 큰 새깃 모양이다. 7~8월에 꽃이 피고 열매의 길이는 2.5cm 정도다.

전초 모습 ©서근나

2011. 6. 18. 천지

개머위 국화과

Petasites rubellus
(J. F. Gmelin) Toman

천지 둘레의 풀밭으로부터 산자락 아래 수목지대 가장자리 등 다양한 환경에서 자란다. 땅속줄기가 길게 뻗으며, 꽃이 시들 구렵에 뿌리잎이 나온다. 암수딴그루로 6~7월에 반 뼘 정도 높이에서 꽃을 피우고, 암꽃그루는 꽃이 진 뒤에 한 뼘 정도 더 자란다.

갓털과 잎

남백두에서 바라본 개마고원

담자리참꽃 진달래과

Rhododendron lapponicum subsp. *parvifolium* var. *alpinu* (Glehn) T. Yamaz.

고산화원에 연한 자주색 카펫을 깔 듯이 피어 봄의 시작을 알린다. 담자리참꽃은 '난장이진달래'라는 뜻으로, 한 뼘 미만 높이로 자란다. 잎은 도톰하고 길쭉한 타원형이고 뒷면에 갈색비늘조각이 빽빽하다. 6월 중순부터 진달래와 비슷한 꽃 서너 개가 줄기 끝에 달린다.

2011. 6. 18. 천지

노랑만병초 진달래과

Rhododendron aureum Georgi

이름은 노란색이지만 상아색이나 연분홍색 꽃이 핀다. 백두산 정상 부근에서는 무릎 높이 아래로, 산자락 아래에서는 허리 높이까지 자란다. 잎은 긴 타원형으로 가장자리가 약간 뒤로 말린다. 6월 중순에 천지 주변과 고산초원에서 무리지어 피는 장관을 볼 수 있다.

2013. 6. 18. 남백두

2013. 6. 20. 서백두 ©서근나

들쭉나무 진달래과

Vaccinium uliginosum L.

새콤달콤한 토종의 블루베리가 열리는 나무다. 무릎 높이 정도로 자라며, 정상부에서는 한 뼘 높이를 넘지 않는다. 꽃은 6~7월에 잎겨드랑이에서 1~3개씩 모여 달린다. 열매는 8~9월에 흑자색으로 익는다. 국내에서는 한라산, 설악산 등 고산의 암석지대에 분포한다.

들쭉 열매

2012. 6. 28. 차일봉

좀참꽃 진달래과

Rhododendron redowskianum Maxim.

진달래속 나무 중에서 아주 작은 편이어서 좀참꽃이다. 줄기가 땅을 기면서 자라고, 잎은 작은 주걱 모양으로, 가장자리에 털이 성기게 나 있다. 6~7월에 반 뼘 높이 정도의 꽃대가 곧게 서서 진달래꽃을 닮은 작은 꽃이 한두 개씩 달린다.

열매

가솔송 진달래과

Phyllodoce caerulea (L.) Bab.

솔가지에 작은 꽃들이 달린 듯한 아름다운 나무다. 해발 2,000m 이상의 초원에서 누운 줄기에서 가지가 나와 반 뼘 남짓한 높이로 선다. 7~8월에 길이 8mm 정도의 단지 모양 꽃이 가지 끝마다 2~6개가 달린다. 꽃 모양은 같은 진달래과의 장지석남과 비슷하다.

2017. 7. 30. 서백두 ©임휴종

하늘매발톱 미나리아재비과

Aquilegia japonica Nakai & H. Hara

하늘하늘한 꽃잎이 얇아서 피자마자 강렬한 햇살에 타들어 간다. 고산 초원이나 볕이 잘 드는 숲에서 한 뼘 반 높이로 자란다. 꽃 뒤로 튀어나온 꽃뿔 다섯 개가 안으로 굽어서 매의 발톱을 닮았다. 7월 초순부터 줄기 끝에서 1~3개의 꽃이 아래를 보고 핀다.

2012. 7. 7. 차일봉

2013. 6. 18. 남백두

긴털바람꽃

미나리아재비과

Anemone narcissiflora L. var. *crinita* (Zuz.) Taruma

북한에서는 큰바람꽃, 조선바람꽃으로 부르며, 국가표준식물목록에는 올라 있지 않다. 고산초원에서 한 뼘 남짓한 높이로 자라며 긴 털이 많다. 잎은 깊게 세 갈래로 갈라진 다음 다시 얕게 갈라진다. 6~7월에 지름 2cm 정도의 꽃 3~5개가 줄기 끝에 모여 달린다.

2014. 7. 30. 남백두 ©서근나

나도여로 백합과

Zygadenus sibiricus (L.) A. Gray

높은 산지에서 한 뼘 반 정도 높이로 자라며 가지를 거의 치지 않는다. 잎은 3개 정도이며, 가장 아래의 잎은 줄기를 완전히 감싼다. 7~8월에 지름 1cm 정도의 꽃들이 피고, 꽃덮이조각 안쪽에 연한 황색 줄무늬가 있다. 강원도 석병산에도 소수 개체가 자생한다.

©이장희

개감채 백합과

Lloydia serotina (L.) Rchb.

고산화원과 천지 물가에서 무리지어 하늘거리는 작은 백합꽃이다. 반 뼘 높이로 자라고, 잎은 좁고 길며 끝이 뭉툭하다. 6월 중순부터 7월에 넓은 깔때기 모양의 꽃이 줄기 끝에서 옆을 보고 핀다. 국내에 자생하는 나도개감채보다 꽃이 크고 황갈색의 줄무늬가 있다.

2012. 6. 27. 천문봉 자락

2012. 6. 27. 천문봉

숙은꽃장포 백합과

Tofieldia coccinea Richardson

고개를 숙인다는 이름이지만 백두산의 개체들은 꼿꼿하게 반 뼘 높이로 자란다. 줄기 아랫부분의 잎은 좁고 길며, 윗부분에는 한두 개의 짧은 잎이 달린다. 6~8월에 줄기 끝에서 작은 꽃들이 빽빽하게 달린다. 국내에서는 경남의 고산지대에 자생한다.

비교 : 꽃차례가 성긴 한라꽃장포

2012. 7. 5. 흑풍구

검은꽃장포 백합과

Tofieldia coccinea var. *fusca* (Miyabe & Kudo) Hara

높은 산의 풀밭이나 숲 그늘의 바위에 붙어 한 뼘 정도 자란다. 뿌리잎은 여러 개가 모여나고, 줄기에서 한두 개의 작은잎이 어긋난다. 6~7월에 황록색의 꽃이 짧은 총상꽃차례로 달리고 점차 검은자주색으로 변한다. 꽃덮이조각과 수술은 각각 6개다.

전초

2018. 7. 8. 차일봉 ©전준용

등대시호 산형과

Bupleurum euphorbioides Nakai

밝은 노란색의 꽃차례가 삼국시대 토기 등잔을 닮았다. 국내에서는 설악산 등 높은 산의 정상부에서만 볼 수 있지만 백두산에서는 산자락 아래 숲에서도 자란다. 6~7월에 겹우산모양꽃차례로 꽃이 피며, 작은 꽃싸개들이 밝은 형광색을 띠어서 꽃잎처럼 보인다.

꽃차례

2018. 8. 7. ©전숙희

참시호 산형과

Bupleurum falcatum var. *scorzonerifolium* (Willd.) Ledeb.

가는 줄기에 좁쌀 같은 꽃들을 피우며 무릎 높이 정도로 자란다. 위에서 가지를 많이 치고, 시호속 식물 중에서 잎이 가장 좁고 길다. 8~9월에 가지 끝에서 겹우산모양꽃차례로 꽃이 피고 작은꽃줄기는 4~11개다. 주로 북부지방에 분포하며, 국내에는 드물다.

꽃차례

2018. 7. 10. 서백두 ©지미경

부전바디 산형과

Coelopleurum nakaianum (Kitag.) Kitag.

함경남도 부전고원과 백두산 일대에만 자생하는 고유종이다. 한 뼘 반 높이 정도로 자라며 줄기 윗부분과 꽃차례에만 털이 있다. 줄기잎은 2회 3출겹잎으로 날카로운 톱니가 있다. 7~8월에 자주색을 띠는 스무 개 정도의 작은꽃차례가 겹우산모양꽃차례를 이룬다.

꽃차례 ©전준용

2012. 7. 7. 소천지

고산바디 산형과

Coelopleurum saxatile
(Turcz.) Drude

바디나물이 가슴 높이까지 자라는 데 비해, 고산바디는 백두산과 북부 고산지역에서 허리 높이 아래로 자란다. 바디나물과 달리 잎몸의 일부가 날개처럼 되지 않는다. 7~8월에 스무 개 정도의 작은꽃차례가 겹우산모양꽃차례를 이루며, 작은꽃싸개조각이 송곳 모양이다.

잎차례

두메자운 콩과

Oxytropis anertii Nakai ex Kitag.

두메자운은 높은 산에서 무리지어 핀 모습이 자주색 구름과 같다는 이름이다. 줄기가 땅을 기며 반 뼘 정도 높이로 자란다. 깃꼴겹잎의 작은잎은 바늘잎처럼 가늘고 털로 덮여 있다. 6월 중순부터 8월까지 3~5송이의 꽃이 총상꽃차례로 핀다.

2011. 6. 19. 천문봉 자락

흰색 꽃

2008. 6. 16. 천지 ©조윤하

눈산버들 버드나무과

Salix divaricata var. *metaformosa* (Nakai) Kitag.

북부 고산지대의 풀밭이나 습지에서 땅을 기면서 자라며, 잎은 양끝이 뾰족하고 가장자리에 얕은 톱니가 있다. 암수딴그루로 5~6월에 잎이 나기 전에 꽃이 먼저 핀다. 유사종인 난장이 버들이 묵은 가지에 꽃이 피는데 비해 새가지에 꽃이 핀다.

결실한 모습

2013. 6. 18. 남백무 ©서근나

콩버들 버드나무과

Salix rotundifolia Trautv.

아주 작은 버드나무라는 이름으로, 한 뼘 남짓한 줄기를 뻗으며 땅을 긴다. 잎 표면에 광택이 있고 그물맥이 뚜렷하며, 뒷면은 회갈색이다. 암수딴그루로 5~6월에 수꽃차례는 햇가지 끝에서 밥알 크기로 곧추서고, 암꽃은 짧은 가지 둘레에 이삭꽃차례로 4~7개가 달린다.

수꽃차례

2011. 8. 4. 천지 ©전준용

천지괭이눈

범의귀과

Chrysosplenium macrospermum Ohwi

천지 일대의 화산석 지대에서 땅바닥에 붙다시피 자라며, 다른 괭이눈들에 비해 잎이 다육질이다. 6~7월에 정상부의 눈이 녹자마자 꽃을 피운다. 2019년 1월 식물분류학회 학술대회에서 초록으로 처음 발표되었고, 국가표준식물목록에 올라있지 않다.

결실한 모습

2011. 8. 13. 노호배

구름범의귀 범의귀과

Saxifraga laciniata Nakai & Takeda

정상부의 암석지대나 산자락 수목지대의 바위틈에서 한 뼘 남짓한 높이로 자란다. 잎은 밑동에서 모여나며 끝부분에 뾰족하고 깊은 톱니가 있다. 6~8월에 꽃줄기 끝에 지름 1cm 정도의 꽃이 성긴 취산꽃차례로 핀다.

잎 모양

호범꼬리 마디풀과

Bistorta ochotensis (Petrov ex Kom.) Kom.

백두산 정상부에서 한 뼘 반 정도 높이로 자란다. 6~8월에 길이 5cm 정도의 이삭꽃차례로 분홍색의 자잘한 꽃들이 밀집하여 핀다.

씨범꼬리 *B. vivipara*는 호범꼬리에 비해 꽃이 희고 꽃차례가 다소 성기다. 꽃이 씨앗을 맺지 않고 꽃차례 아래에 살눈을 만들어 번식한다.

2016. 7. 12. 서백두 ©지미경

2012. 6. 27. 흑풍구

긴개싱아 마디풀과

Aconogonon ajanense (Regel & Tiling) H. Hara

높은 산지의 모래자갈 땅에서 한 뼘 반 정도 높이로 자란다. 줄기는 가지를 치고 마디 사이가 짧으며, 잎자루가 없다. 6월 하순부터 8월까지 밥알 크기의 꽃들이 이삭모양꽃차례로 달리고 끝은 처진다. 백두산과 함경도의 고산지대에 분포한다.

꽃차례 ©지미경

2009. 8. 2. 천지 주변 ©김형소

나도수영 마디풀과

Oxyria digyna (L.) Hill

천지 주변이나 고산 초원의 습기가 많은 땅에서 한 뼘 반 정도 높이로 자란다. 잎자루가 아주 길고 잎의 폭은 2~6cm다. 7~8월에 반 뼘 길이 정도의 이삭모양꽃차례로 꽃이 핀다. 백두산과 함경북도 관모봉 일대에 분포하며, 큰산싱아라고도 한다.

꽃차례

2012. 7. 7. 차일봉

구름송이풀 현삼과

Pedicularis verticillata L.

높은 산의 풀밭에서 한 뼘 미만 높이로 자란다. 잎은 전체적으로 긴 세모꼴인데 새깃 모양으로 깊게 갈라지며 주름이 있다. 7~8월에 꽃부리의 길이 1.5cm 정도 되는 꽃이 줄기 끝에 돌려난다. 한라산과 가야산에 자라는 한라송이풀과 같은 종으로 보는 견해도 있다.

소천지의 구름송이풀

2011. 8. 4. 서백두 ⓒ반정규

두메잔대 초롱꽃과

Adenophora lamarckii Fisch.

백두산 자락에는 잔대속 식물들이 다양해서 정확한 이름을 불러주기가 어렵다. 두 뼘 정도 높이로 자라며, 잎은 대부분 어긋나지만 서너 장이 돌려나거나 마주나기도 한다. 7~8월에 길이 2cm 쯤 되는 꽃이 아래를 향해 달린다. 국내의 높은 산지에도 드물게 자생한다.

꽃차례

2012. 7. 7. 차일봉

비로용담 毘盧龍膽

용담과

Gentiana jamesii Hemsl.

'비로'는 가장 높은 경지의 부처 앞에 붙는 말이다. 7~8월에 길이 2cm 정도의 꽃이 피며, 꽃잎 사이에 얇은 막처럼 생긴 부화관이 있어서 볕이 좋을 때만 꽃을 열어 손님을 받는다. 국내에서는 유일하게 강원도 대암산의 용늪에서 자생한다.

2011. 8. 11. 차일봉

산용담 용담과

Gentiana algida Pall.

수목한계선 위의 고산초원에서 반 뼘 정도 높이로 자라며, 용담속 중에서 가장 큰 꽃을 피운다. 뿌리잎은 좁고 긴 편이고, 줄기잎은 뿌리잎의 절반 길이이다. 8~9월에 줄기 끝에 엄지손가락 크기의 꽃 1~3개가 달리고, 흰색 꽃부리에 청록색의 줄과 점이 있다.

바위돌꽃 돌나물과

Rhodiola rosea L.

북부지방의 높은 산 바위지대에서 한 뼘 남짓한 높이로 자란다. 전체가 분백색을 띠고 잎 가장자리에 둔한 톱니가 있다. 암수딴그루로 7~8월에 수꽃은 노란색, 암꽃은 붉은색으로 핀다. 유사종인 **돌꽃***R. elongata*은 수꽃이 붉은빛을 띤 황백색이며, 관찰된 자료가 부족하다.

2018. 7. 8. 서파 ⓒ전준용

암꽃 수꽃

2019. 7. 8. 서백두

가지돌꽃 돌나물과

Rhodiola ramosa Nakai

암수딴그루인 돌꽃에 비해 양성화를 피우며, 이름과는 달리 가지를 치지 않는다. 바위에 붙어서 손가락 높이 남짓 자라고, 잎은 좁고 도톰하며 가장자리가 밋밋하다. 6~7월에 줄기 끝에 여러 개의 양성화가 모여 피고, 꽃받침 조각, 꽃잎, 씨방은 보통 네 개, 수술은 여덟 개다.

가지돌꽃의 양성화

암꽃 2017. 6. 7. 소천지 ©전숙희

좁은잎돌꽃 돌나물과

Rhodiola angusta Nakai

돌꽃속 중에서 가장 크기가 작으며, 고산지대의 바위틈에서 엄지손가락 높이로 자란다. 바위돌꽃에 비해 잎이 좁고, 가지돌꽃에서는 나타나지 않는 둔한 톱니가 있다. 암수딴그루로 7~8월에 원줄기 끝에서 암꽃은 붉은색, 수꽃은 연노랑색의 자잘한 꽃들이 모여 핀다.

수꽃

2012. 7. 7. 차일봉

나도개미자리 석죽과

Minuartia arctica (Steven ex Seringe) Graebn.

백두산과 북부지방의 고산 암석지대에서 반 뼘 정도 높이로 자란다. 가지가 많이 갈라지며, 바늘 모양의 잎이 마주난다. 6~8월에 지름 8mm 정도의 꽃이 가지 끝마다 한 송이씩 핀다. 유사종인 **너도개미자리**는 높이가 30cm 정도고 꽃잎 끝이 뾰족한 편이다.

2011. 8. 4. 천문봉 ©반정규

오랑캐장구채 석죽과

Gentiana algida Pall.

다른 장구채들에 비해 덩치가 크고, 꽃받침 통이 적갈색이어서 오랑캐답다. 고산초원에서 무릎 높이까지 자라며, 밑에서 가지를 많이 친다. 전체에 잔털이 퍼져 있고, 6~8월에 지름 1cm 정도의 꽃이 핀다. 북한 지역과 중국 동북부, 몽골 등지에 분포한다.

2011. 8. 6. 천문봉 ©남명자

흰장구채 석죽과

Silene oliganthella Nakai

백두산의 고산초원에서 한 뼘 남짓한 높이로 자란다. 꽃은 7~8월에 줄기 끝이나 잎겨드랑이에서 돌려나듯 피고 꽃차례가 가지를 쳐서 풍성하게 보인다.

가는다리장구채 *S. jenisseensis*는 설악산 등지에도 자생하며 백두산에서는 산자락 아래에 분포한다. 흰장구채와 비슷하지만 꽃차례가 한 방향으로 치우치고 가지를 치지 않는다.

2017. 7. 28. 장백폭포 ©임휴종

난쟁이패랭이꽃

석죽과

Dianthus chinensis var. *morii* (Nakai) Y. C. Chu

고산의 풀밭에서 반 뼘 쯤 높이로 옆으로 퍼지면서 자란다. 잎은 짧고 밑부분이 합쳐져서 잎집 모양이 된다. 7~8월에 줄기 끝에 지름 1.5cm 정도의 꽃이 한 개씩 달리고, 꽃잎 안쪽에 흑자색 무늬가 있다. 잎 모양의 꽃싸개는 2~4장으로 꽃받침보다 약간 길다.

2011. 8. 13. 노호배

구름패랭이꽃

석죽과

Dianthus superbus var. *alpestris* Kablik. ex Celak.

북부지방의 고산초원에서 머리를 산발한 듯한 꽃을 피운다. 꽃잎이 길고 잘게 갈라지는 술패랭이와 비슷해서 구름술패랭이라고도 한다. 무릎 높이 쯤 자라고, 잎은 좁은 피침형으로 밑부분이 줄기를 감싼다. 7~8월에 지름 3cm 쯤 되는 꽃이 피며, 꽃잎 안쪽에 갈색 털이 있다.

분홍색 꽃

흰색 변이

두메양귀비 양귀비과

Papaver radicatum var. *pseudoradicatum* (Kitag.) Kitag.

백두산 풍경의 화룡점정으로, 특히 남백두 정상의 군락이 빼어난 그림이 된다. 뿌리에서 잎과 줄기가 뭉쳐 나와 한 뼘 정도 자라고, 잎은 1~2회 깃꼴로 갈라진다. 6월 하순에 아래 자락부터 꽃이 피기 시작해서 정상부에서는 7월 중순에 절정을 이룬다.

2007. 7. 14. 남백두 ©백태순

2019. 7. 21. 서백두 ©전숙희

너도양지꽃 장미과

Sibbaldia procumbens L.

고산의 풀밭에서 반 뼘 쯤 높이로 옆으로 퍼지면서 자란다. 잎은 짧고 밑부분이 합쳐져서 잎집 모양이 된다. 7~8월에 줄기 끝에 지름 1.5cm 정도의 꽃이 한 개씩 달리고, 꽃잎 안쪽에 흑자색 무늬가 있다. 잎 모양의 꽃싸개는 2~4장으로 꽃받침보다 약간 길다.

2018. 7. 8. 서백두

구름국화 국화과

Erigeron thunbergii subsp. *glabratus* (A. Gray) H. Hara var. *glabratus*

고산초원에서 무리지어 자라고 수목한계선 아래의 숲 그늘에서도 흔히 볼 수 있다. 줄기는 한 뼘 반 정도로 곧게 서고, 잎은 주걱 모양으로 위로 올라갈수록 작아지며, 줄기와 잎에 털이 많다. 6~8월에 지름 3cm 정도의 꽃이 피며, 혀꽃은 폭이 좁고 겹으로 배열된다.

서백두의 일출과 바위구절초 ©전준용

2017. 7. 27. 서백두 ©지미경

바위구절초 국화과

Papaver radicatum var. *pseudoradicatum* (Kitag.) Kitag.

천지의 푸른 물을 배경으로 꽃 피우는 고산화원의 여왕이다. 바위지대에서 뿌리줄기를 옆으로 뻗으며 한 뼘 남짓한 줄기를 올린다. 7~8월에 지름 3cm 정도의 꽃이 줄기 끝에 핀다. 국내에 자생하는 산구절초와 비슷하나, 키가 작고 털이 많으며, 꽃자루가 짧다.

2017. 7. 28. 흑풍구 ©임휴종

두메분취 국화과

Saussurea tomentosa Kom.

높은 산의 풀밭에서 한 뼘 정도 높이로 자라므로 구별하기 까다로운 분취속 식물 중에서 가장 알아보기가 쉽다. 뿌리잎은 피침 모양으로 7cm 정도까지 자라며, 줄기잎은 작고 2~6장이 달린다. 7~8월에 지름 2cm 정도의 머리모양꽃이 줄기 끝에 핀다.

2011. 8. 13. 노호배

껄껄이풀 국화과

Hieracium coreanum Nakai

잎이 반투명할 정도로 얇으나 새 지폐처럼 빳빳하고 톱니 또한 거친 모양이어서 껄껄한 느낌이 드는 풀이다. 높은 산의 초원에서 무릎 높이보다 약간 낮은 높이로 무리지어 자란다. 7~9월에 지름 2.5cm 정도의 꽃이 줄기 끝에서 1~3개 핀다.

2012. 6. 27. 흑풍구

황새고랭이(두메황새풀)

사초과

Scirpus maximowiczii C. B. Clarke
(*Eriophorum japonicum* Maxim.)

같은 식물을 다른 속으로 분류한 학자들이 있어 국가표준식물목록에는 두 가지 국명과 학명이 병존한다. 높은 산지에서 한 뼘 남짓한 높이로 자란다. 뿌리잎은 넓은 선형에 반 뼘 길이고, 줄기잎은 짧다. 6~7월에 작은 이삭 여러 개가 모여 핀다.

설령쥐오줌풀 마타리과

Valeriana amurensis P. A. Smirn. ex Kom.

설령雪嶺은 함경남도에 있는 해발 2,442m의 높은 고개로 언제나 눈이 쌓여 있다는 이름이다. 보통 쥐오줌풀과 거의 차이가 없으나 전체에 잔털이 많아서 털쥐오줌풀이라고도 한다. 높은 산지에서 허리 높이 정도로 자라며 7월에 자잘한 꽃들이 편평꽃차례로 달린다.

2011. 8. 4. 천지 ©전준용

백두산 자락 수목지대

사스래나무
장백제비꽃
월귤 / 홍월귤
곱향나무
검은종덩굴
자주종덩굴
산종덩굴

바이칼꿩의다리
발톱꿩의다리
개마투구꽃
줄바꽃
각시투구꽃
이삭바꽃
선투구꽃

가는줄돌쩌귀
가는돌쩌귀
금매화
나도황기
달구지풀
참대극
낭독

서백두의 화살곰취 군락 ©김상경

왕죽대아재비
나도옥잠화
두메투구꽃
풀산딸나무

긴잎곰취
화살곰취
어리곤달비
귀박쥐나물

삼잎방망이
국화방망이
금방망이
큰오이풀

왜지치
비누풀
산쥐손이
두메오리나무

사스래나무 자작나무과

Betula ermanii Cham.

큰키나무 중에서 가장 높은 지대에서 사는 나무다. 암수한그루로, 6월에 잎이 나면서 수꽃차례는 가지 끝에서 손가락 길이로 늘어지고, 암꽃차례는 짧은 가지에서 손가락 한 마디 길이로 곧추선다. 한라산과 백두대간의 정상부에 분포한다.

2019. 7. 8. 서백두 ©한승희

장백제비꽃 제비꽃과

Viola biflora L.

설악산 일대에서도 드물게 볼 수 있는 꽃으로, 반 뼘 남짓한 길이의 줄기에서 콩팥 모양의 잎이 나온다. 5~7월에 줄기 끝에서 지름 1cm 정도의 꽃이 핀다. 암술머리는 Y자로 갈라지며, 아래꽃잎에 자주색 줄무늬가 있고, 꽃잎 안쪽에 털이 없다.

2012. 7. 6. 소천지

비교 : 노랑제비꽃

2013. 6. 20. 소천지

월귤 진달래과

Vaccinium vitis-idaea L.

땅에 붙어 자라다시피 해서 땅들쭉이나 땃들쭉이라고도 한다. 한 뼘 미만 높이로 자라며, 잎은 1~2cm 길이의 타원형이다. 5~7월에 가지 끝에서 2~8개의 꽃이 모여 달리고 꽃의 지름은 5mm 정도이다. 열매는 8~9월에 붉게 익는다.

2016. 6. 17. 은아봉 ©김경종

홍월귤 진달래과

Arctous ruber (Rehder & E. H. Wilson) Nakai

높은 산의 지의류 사이에서 줄기가 뻗고 가지가 갈라져서 반 뼘 높이로 자란다. 5~6월에 길이 6mm 쯤 되는 항아리 모양의 꽃이 잎겨드랑이에 두어 개씩 달린다. 열매는 늦여름에 지름 1cm 정도로 붉게 익고 달콤새콤하다. 설악산 일대가 분포지의 남방한계선이다.

열매

2016. 6. 17. 서백두 ©김경종

곱향나무 측백나무과

Juniperus sibirica Burgsd.

높은 산자락에서 땅을 기며 허리 높이 이하로 자라지만 조건이 좋은 곳에서는 8m까지 성장한다. 잎은 길이 1cm 정도이고 단면은 넓은 U자 형으로 3개씩 돌려나며, 노간주나무와 비슷하다. 암수딴그루로 5월에 암구화수는 둥글고, 수구화수는 길쭉한 모양으로 달린다.

2012. 6. 30. 송강하

검은종덩굴

미나리아재비과

Clematis fusca Turcz.

검은색에 가까운 종 모양의 꽃이 달리고, 양팔 길이 정도로 덩굴을 뻗는다. 잎가장자리가 매끈하며, 5~9개의 작은잎 중에서 가운데 끝의 잎은 덩굴손으로 변하기도 한다. 6~7월에 잎겨드랑이에서 길이 2.5cm 쯤 되는 꽃이 피며, 꽃덮이 조각은 4갈래 진다.

2018. 6. 4. 오십령 ©조혜경

자주종덩굴

미나리아재비과

Clematis alpina var. *ochotensis* (Pall.) Kuntze

깊은 산의 수풀에서 덩굴을 뻗으며 자란다. 잎은 2회 3출겹잎이고 작은잎은 넓은 피침형이며, 가장자리에 예리한 톱니가 있다. 5~6월에 잎겨드랑이에서 지름 3cm 정도의 꽃이 1개씩 달린다. 과거 산종덩굴 *C. nobilis*로 분류되던 종을 자주종덩굴로 통합하였으나 모양이 많이 다르다.

2012. 7. 6. 소천지

산종덩굴

미나리아재비과

Clematis nobilis Nakai

높은 산의 숲 그늘에서 자주색의 작은 삿갓 모양 꽃을 피운다. 줄기가 땅을 기며 2~3m 정도 뻗고, 높이는 반 뼘 미만이다. 6~7월에 지름 4cm 정도의 꽃이 아래를 향해 핀다. 고려종덩굴, 함북종덩굴과 함께 자주종덩굴에 통합되었으나, 실제 생태가 크게 다르므로 이 책에 게재한다.

바이칼꿩의다리

미나리아재비과

Thalictrum baicalense Turcz.

깊은 산지의 숲 그늘에서 허리 높이 정도로 자란다. 잎은 2~3회 3출 겹잎으로, 작은잎은 끝이 얕게 3갈래로 갈라진다. 턱잎이 막질로 실오라기처럼 좁게 갈라지는 특징이 있다. 6~7월에 줄기 끝에 성긴 원추꽃차례로 꽃이 피며, 수술은 여러 개이고 암술은 4~10개이다.

턱잎이 실처럼 갈라진 모습 ⓒ남명자

2019. 7. 10. 녹연담 ©이시연

발톱꿩의다리

미나리아재비과

Thalictrum sparsiflorum Turcz. ex Fisch. & C. A. Mey.

북부지방의 고산지대 숲 속에서 허리 높이 정도로 자란다. 잎은 3출겹잎으로 갈래조각은 거꿀달걀 모양이고 가장자리에 둔한 톱니가 있다. 6~7월에 원뿔모양꽃차례로 꽃이 피고, 수술은 10~15개로 매우 길다. 열매가 발톱 모양이어서 유래한 이름이다.

2018. 8. 7. 소천지 ⓒ전숙희

개마투구꽃 미나리아재비과

Aconitum kaimaense
Uyeki et Sakata

줄기를 팔 길이 정도로 뻗으며 흰색 꽃을 피운다. 7~8월에 잎겨드랑이와 줄기 끝에 3~5개의 꽃이 달리고 열매꼬투리는 4~6개이다. 2017년 강원도 홍천, 정선, 평창 일대에서도 자생지가 확인되었다. 국가표준식물목록에는 투구꽃의 이명으로 되어 있다.

2018. 8. 5. 선봉령 ©전숙희

줄바꽃 미나리아재비과

Aconitum alboviolaceum Kom.

뱃줄 같은 줄기를 1m 가까이 뻗으면서 다른 물체를 감고 자란다. 잎은 손바닥 모양으로 갈라지며, 뿌리잎은 잎자루가 길고 줄기잎은 잎자루가 짧다. 7~9월에 줄기 끝과 잎겨드랑이에 퍼진 털이 빽빽한 꽃차례가 달리고, 열매 꼬투리는 세 개다.

각시투구꽃

미나리아재비과

Aconitum monanthum Nakai

투구꽃들 중에서 가장 작고 귀여워서 각시투구꽃이다. 산지의 습지 주변에서 한 뼘 남짓한 높이로 자라며 잎은 3~8갈래로 완전하게 갈라진 다음 다시 깊게 갈라진다. 7~8월에 원줄기 끝에 1~3송이의 꽃이 달리고 꽃줄기의 중간 아래에 작은 포가 있다.

2011. 8. 11. 소천지

2011. 8. 5. 선봉령 ⓒ전준용

이삭바꽃 미나리아재비과

Aconitum kusnezoffii Rchb.

깊은 산지에서 가슴 높이까지 자라며 국내에는 드물게 자생한다. 잎이 3갈래로 완전하게 갈라진 다음 각 갈래는 다시 새깃 모양으로 갈라지고, 갈래잎에는 큰 톱니가 있다. 8월에 줄기 끝과 잎겨드랑이에서 총상꽃차례로 꽃이 피고 열매꼬투리는 5개다.

2019. 7. 10. 선봉령 ©박해정

선투구꽃 미나리아재비과

Aconitum umbrosum (Korsh.) Kom.

높은 산의 숲에서 허리 높이 정도로 자라며, 꽃부리의 뒤가 큰 특징이 있다. 잎은 3~5갈래로 깊게 갈라진 다음 각 갈래마다 다시 얕게 갈라진다. 7~8월에 긴 총상꽃차례에 길이 2cm 정도의 꽃이 성기게 달린다. 강원도에서도 드물게 볼 수 있다.

2018. 8. 7. 이도백하 ©전숙희

가는줄돌쩌귀

미나리아재비과

Aconitum volubile Pall. ex Koelle

산지의 숲 가장자리에서 1m 가량 덩굴을 뻗으며 자란다. 7~8월에 줄기 끝이나 잎겨드랑이에서 3~5개의 꽃이 달린다. 놋젓가락나물과 아주 비슷하나, 꽃자루와 꽃받침에 털이 많고, 잎의 갈라짐이 약간 좁다. 백두대간을 따라 강원, 경북의 산지에도 분포한다.

비교 : 놋젓가락나물

2011. 8. 13. 노호배

가는돌쩌귀 미나리아재비과

Aconitum macrorhynchum Turcz.

돌쩌귀 중에서 가장 높은 고원에서 가슴 높이로 자라며, 잎은 깊게 3갈래로 갈라진 다음 다시 가늘고 깊게 2차례 더 갈라진다. 8~9월에 투구 모양의 꽃이 총상꽃차례로 달리고, 꽃자루에 황갈색의 털이 밀생한다. 강원도 이북의 고산지대에 분포한다.

2019. 7. 10. 선봉령

금매화 미나리아재비과

Trollius ledebourii Rchb.

높은 산의 초원에서 무리지어 황금빛 꽃밭을 이룬다. 줄기는 곧게 서고 무릎 높이 남짓 자라며, 가지를 친다. 6~8월에 지름 3cm 정도의 꽃이 가지 끝에 1송이씩 달린다. 꽃술처럼 보이는 퇴화된 꽃잎이 수술보다 약간 길다.

금매화속의 꽃 비교

금매화속*Trollius*의 큰금매화, 금매화, 애기금매화는 꽃의 모양이 연속적인 변이를 보이므로 구분하기 어려운 중간 형태가 존재한다. 꽃받침, 꽃잎, 수술의 길이로 본 차이는 다음과 같다.

큰금매화 *T. macropetalus* 는 꽃술처럼 보이는 퇴화된 꽃잎이 꽃잎 모양의 꽃받침보다 길고 거의 수직으로 선다. 꽃색이 오렌지색에 가깝다.

금매화 *T. ledebourii* 는 꽃술처럼 보이는 퇴화된 꽃잎이 수술보다 길고, 큰금매화나 애기금매화와 중간 형태의 꽃들이 흔히 관찰된다.

애기금매화 *T. japonicus* 는 퇴화된 꽃잎이 수술보다 짧다. 대체로 습기가 많은 초원에서 무릎 높이 아래로 자란다.

2012. 7. 7. 차일봉 자락

나도황기 콩과

Hedysarum vicioides var. japonicum (Fedtsch.) B. H. Choi & Ohashi

고산 초원이나 숲 그늘에서 무릎 높이 정도로 자란다. 가지가 많이 갈라지며 털이 없고, 잎은 깃꼴겹잎으로 작은잎은 11~21개이다. 7~8월에 길이 1cm 정도의 꽃들이 총상꽃차례로 달린다. 열매는 납작하고, 잘룩잘룩 들어간 1~5개의 마디가 있다.

마디가 있는 납작한 씨방

2011. 8. 13. 노호배

달구지풀 콩과

Trifolium lupinaster L.

높은 산의 풀밭이나 숲 가장자리에서 한 뼘 반 정도 높이로 자란다. 손바닥 모양의 겹잎에 달린 작은잎 5~7장이 달구지 바퀴살 모양으로 퍼져서 돌려나기 잎처럼 보인다. 6~9월에 꽃이 피고, 제주달구지풀에 비해 꽃차례가 풍성하고 전초가 대형이다.

2018. 6. 17. 금강대협곡 ⓒ조혜경

참대극 대극과

Euphorbia lucorum Rupr.

개감수와 비슷하지만, 작은 포엽의 끝이 뾰족하고 잔가시 모양의 톱니가 있다. 북부지방 산지의 반그늘에서 한 뼘 남짓한 높이로 자란다. 5~7월에 줄기 끝이나 잎겨드랑이에서 잔 모양꽃차례로 꽃이 달리고, 작은 총포 속에 여러 송이의 수꽃과 암꽃 하나가 핀다.

꽃차례

2018. 6. 27. 서백두 ©전준용

낭독 대극과

Euphorbia pallasii Turcz.

지극히 비대한 뿌리를 '낭독'狼毒이라는 약재로 써온 유독식물이다. 무릎 아래 정도까지 자라며, 잎차례와 꽃차례로는 대극과 구별하기 어려우나 식물체가 고무질 또는 육질이다. 5~6월에 원줄기 끝에서 갈라진 꽃줄기마다 암꽃 1개와 수꽃 여러 개가 달린다.

2013. 6. 19. 오십령

왕죽대아재비 백합과

Streptopus koreanus (Kom.) Ohwi

간간이 빛이 들어오는 침엽수림 밑에서 무릎 높이 정도로 자란다. 6~8월에 잎겨드랑이에서 긴 꽃자루가 나와 좌우로 뻗어 잎 밑에서 꽃을 단다. 죽대아재비에 비해 잎이 줄기를 감싸지 않고, 꽃자루에 마디가 없으며, 암술대가 없고, 잎가장자리에 잔털이 많다.

* 근래에 국립생물자원관에서 '죽대아재비'로 수정하였으나 국가표준식물목록에 반영되지 않았다.

줄기에서 꽃자루가 나와 잎 그늘로 숨는 꽃

2012. 6. 28. 소천지

나도옥잠화 백합과

Clintonia udensis
Trautv. & C. A. Mey.

높은 산지의 침엽수림에서 자라며, 6~7월에 꽃줄기 끝에 지름 1cm 정도의 꽃 2~10개가 총상꽃차례로 모여 달린다. 꽃이 진 후에 꽃줄기가 무릎 높이 이상으로 계속 자라 짙은 남색의 열매를 단다. 강원, 경남북, 제주 등지의 높은 산에서도 볼 수 있다.

2012. 7. 6. 소천지

두메투구꽃 현삼과

Bistorta vivipara (L.) Gray

큰개불알풀과 비슷한 꽃이 피며, 꽃 색이 짙고 자주색의 줄무늬가 뚜렷하다. 전체에 길고 가는 털이 많고 줄기는 가지를 치지 않으며 반 뼘 높이로 자란다. 6~8월에 지름 7mm 정도의 꽃들이 줄기 끝에 층상꽃차례로 달리며 한 번에 2~4개의 꽃이 핀다.

2016. 7. 6. 지하삼림 ⓒ전숙희

풀산딸나무

층층나무과

Cornus canadensis L.

숲 그늘 바닥에 산딸나무의 가지가 떨어진 모습처럼 한 뼘 미만 높이로 자란다. 잎은 달걀 크기로, 줄기 끝에서 마주나거나 대여섯 장이 돌려난다. 6~7월에 잎 사이에서 나온 꽃자루 끝에서 산딸나무와 비슷한 꽃이 핀다.

열매 ⓒ김화숙

2012. 6. 25. 선봉령

톱바위취

범의귀과

Saxifraga punctata L.

잎가장자리의 톱니가 회전톱의 톱날처럼 규칙적이고 가지런하다. 높고 깊은 산의 습한 숲 그늘에서 두 뼘 남짓한 높이로 자란다. 6~8월에 지름 3mm 정도의 꽃들이 성기게 달린다. 구실바위취와 비슷하나 꽃줄기에 털이 많지 않고, 꽃차례가 성기게 퍼진다.

산속단 꿀풀과

Phlomis koraiensis Nakai

속단보다 약간 키가 작고, 잎의 톱니가 둔하고 가지런하며 줄기 아래쪽의 잎이 아주 크다. 속단은 가지를 치고 가지에서도 꽃이 달리는 반면 산속단은 거의 가지를 치지 않는 편이다. 7~8월에 원줄기 윗부분에 층층으로 꽃이 달린다.

2015. 7. 14. 서백두 ⓒ반정규

ⓒ서근나

2012. 7. 6. 소천지

바위솜나물 국화과

Tephroseris phaeantha
(Nakai) C. Jeffrey & Y. L. Chen

강원도 이북의 높은 산 바위지대에서 두 뼘 높이 미만으로 자란다. 줄기에 능선이 있고 전체에 거미줄 같은 털이 있다. 뿌리잎은 가장자리에 불규칙한 톱니가 있고 잎자루에 날개가 있다. 6~8월에 줄기 끝에 지름 3cm 정도의 머리모양꽃 1~3개가 달린다.

2013. 7. 21. 왕지

긴잎곰취 국화과

Ligularia jaluensis Kom.

곰취와 아주 비슷하며, 북부지방 깊은 산의 습기가 많은 숲 가장자리에서 허리 높이 남짓 자란다. 잎자루가 한 뼘 반 정도로 길고 잎자루에 날개가 발달하는 특징이 있다. 7~9월에 줄기 끝에서 지름 4cm 정도의 꽃이 총상, 또는 겹총상꽃차례를 이룬다.

겹총상꽃차례

긴 잎자루의 날개

화살곰취 국화과

Ligularia jamesii (Hemsl.) Kom.

높은 산의 초원에 무리지어 자라며 무릎 높이 정도로 꽃대를 올린다. 뿌리잎이 화살촉 모양으로 끝이 뾰족하고 가장자리에 톱니가 있다. 줄기잎은 2~3장으로 잎 밑이 줄기를 감싼다. 7~8월에 지름 7cm 가량의 머리모양꽃이 1개씩 피며, 혀꽃이 3cm 정도로 길다.

2017. 7. 30. 서백두 ©임휴종

어리곤달비 국화과

Ligularia intermedia Nakai

높고 깊은 산의 습한 곳에서 허리 높이 남짓 자란다. 곤달비*L. stenocephala*와 매우 비슷하나 곤달비의 총포조각은 5개, 혀꽃이 1~3개인 데 비해, 총포조각이 8~9개, 혀꽃은 4~5개다. 7~8월에 지름 3cm 정도의 머리모양꽃이 총상으로 핀다.

2017. 7. 28. 장백폭포 입구 ©임휴종

게박쥐나물(왼쪽)과 귀박쥐나물(오른쪽) 2017. 7. 27. 한라산

귀박쥐나물 국화과

Parasenecio auriculatus (DC.) J. R. Grant

높은 산지의 그늘에서 무릎 높이 남짓 자란다. 잎의 길이보다 폭이 넓고 결각이 많으며, 잎자루에 좁은 날개가 있고 줄기를 귓불처럼 감싼다. 7~8월에 길이 1cm 쯤 되는 꽃들이 한쪽 방향으로 달린다. 백두산 중턱과 한라산과 설악산의 정상부에 분포한다.

꽃차례

줄기를 귓불처럼 감싸는 잎자루

2019. 7. 10. 녹연담

참나래박쥐 국화과

Parasenecio koraiensis (Nakai) K. J. Kim

깊고 높은 산의 숲 그늘에서 가슴 높이 정도로 자란다. 잎자르에 날개가 있고 밑부분이 귓불처럼 넓어져 줄기를 감싸며, 날개에 톱니가 있다. 7~8월에 지름 8mm 정도의 머리모양꽃이 총상꽃차례로 달린다. 나래박쥐나물은 잎자루의 날개에 톱니가 없다.

꽃차례

잎자루의 날개에 발달한 톱니

두메취

국화과

Saussurea triangulata
Trautv. & Mey.

북부 고산지대에 드물게 분포하며, 무릎 높이 남짓 자란다. 잎자루는 위로 올라갈수록 짧아지거나 없어지고 날개가 약간 있다. 7~8월에 머리모양꽃이 성긴 편평꽃차례로 달린다. 꽃은 모두 대롱꽃이고 갓털 길이는 1cm 정도다.

2018. 8. 6. 소천지 ⓒ전숙희

성긴 편평꽃차례

2018. 8. 5. 소천지 © 전숙희

산골취

국화과

Saussurea neoserrata Nakai

전국의 깊은 산 숲에서 허리 높이 정도로 자란다. 잎자루가 줄기에서 날개처럼 흐르고 잎가장자리는 불규칙한 톱니와 거센털이 있다. 7~8월에 머리모양꽃이 편평꽃차례로 달린다. 꽃은 모두 대롱꽃이고 갓털의 길이는 6mm 정도다.

줄기와 잎

2018. 8. 5. 부석림 ©전숙희

삼잎을 닮은 잎차례

삼잎방망이 국화과

Senecio cannabifolius Less.

줄기 끝에서 꽃차례가 풍성한 식물은 대개 방망이라는 이름이 붙는다. 잎이 삼大麻잎을 닮았다는 이름으로 높은 산지에서 키 높이 정도로 자란다. 잎의 길이는 한 뼘 정도이고 3~5갈래의 새깃 모양으로 깊게 갈라지며, 가장자리에 안으로 굽은 잔 톱니가 있다. 7~8월에 지름 2cm 정도의 머리모양꽃이 편평꽃차례로 핀다.

2012. 6. 30. 압록강 상류

국화방망이 국화과

Sinosenecio koreanus (Kom.) B. Nord.

깊은 산지의 바위지대에서 허리 높이 정도로 자란다. 줄기잎은 잎자루가 줄기로 약간 흐르는 듯 감싸며, 가장자리에 불규칙한 톱니가 있다. 6~8월에 지름 2cm 정도의 머리모양꽃이 편평꽃차례로 달린다. 국내에는 강원, 경북의 석회암지대에 자생한다.

2011. 8. 11. 부석림

금방망이 국화과

Senecio nemorensis L.

숲 가장자리의 풀밭에서 허리 높이 정도로 자라며 줄기는 모가 지고 잎가장자리에 규칙적인 톱니가 있다. 7~9월에 노란색의 머리모양꽃들이 원줄기 끝에 편평꽃차례를 이룬다. 국내에서는 경기 서해안 지역과 한라산 중턱에서 드물게 볼 수 있다.

2013. 8. 13. 장백폭포 ©임휴종

큰오이풀 장미과

Sanguisorba stipulata Raf.

높은 산의 풀밭이나 물가에서 무릎 높이 남짓 자란다. 전초에 털이 거의 없고 뿌리잎은 깃꼴겹잎으로 9~15장의 작은잎이 달린다. 7~8월에 길이 8cm 정도의 꽃차례에 밑에서부터 작은 꽃들이 피어 올라간다. 고산지대에 자라므로 구름오이풀이라고도 한다.

2012. 7. 7. 은아봉

은양지꽃 장미과

Potentilla nivea L.

줄기와 잎 뒷면에 솜털이 빽빽하게 나서 은빛이 난다. 한 뼘 안팎의 높이로 자라며 줄기 밑부분에서 가지를 치고, 잎은 3출겹잎이다. 6~7월에 지름 1.5cm 정도의 꽃이 줄기 끝에 2~4송이가 달리며, 꽃 가운데는 짙은 노란색을 띤다.

2011. 8. 11. 부석림

닻꽃 용담과

Halenia corniculata
(L.) Cornaz

국내에서는 몇몇 높은 산의 정상부에 드물게 분포하나, 백두산에서는 산자락 아래에서 자란다. 줄기는 무릎 높이로 곧게 서고 4개의 능선이 있으며 가지를 많이 친다. 7~8월에 폭 1~1.5cm 쯤 되는 꽃이 피며 십자형으로 발달한 꿀주머니가 배의 닻을 닮았다.

닻을 닮은 꽃

2014. 8. 7. 남백두 ©전준용

메연리초 콩과

Lathyrus Pratensis L.

국내미기록종으로, 백두산 중턱 높이에서 1~2m 정도 덩굴을 뻗으며 자란다. 짝수의 깃꼴겹잎 끝에 덩굴손이 달리고, 7~8월에 잎겨드랑이에서 긴 꽃자루가 나와 노란 꽃이 총상꽃차례로 핀다. 꽃받침에 털이 약간 있고 끝이 5개로 갈라진다.

©변경열

왜지치 지치과

Myosotis sylvatica Ehrh. ex Hoffm.

식물학자 박만규 선생은 '숲물망초'라는 낭만적인 이름을 붙이기도 했을 정도로 아름답다. 높은 산지의 숲 그늘에서 두 뼘 가까이 자란다. 5~7월에 물망초 꽃 크기와 비슷한 지름 7mm 정도의 꽃이 피고, 꽃차례가 Y자 모양으로 갈라진다.

2013. 6. 3. 소천지 ⓒ김홍제

ⓒ백태순

2011. 8. 7. 서백두 ⓒ반정규

비누풀 석죽과

Saponaria officinalis L.

옛날 유럽에서 줄기나 잎을 끓여 거품을 걸러 받은 액을 비누로 사용하였고, 영어명도 비누풀 soapwort이다. 지금도 고미술품의 찌든 때나 양털을 세척할 때 사용한다. 무릎 높이 정도로 자라며, 7~9월에 분홍색 또는 흰색 꽃이 핀다. 국내에서는 재배하던 식물이었으나 근래에 귀화식물로 분류되었다.

2012. 7. 6. 소천지

산쥐손이 쥐손이풀과

Geranium dahuricum DC.

풀밭에 사는 다른 쥐손이들에 비해 숲 가장자리에서 자라다보니 허리 높이만큼 크기도 한다. 줄기는 대개 비스듬히 자라고 잎은 7~8갈래로 깊게 갈라진다. 6~8월에 잎겨드랑이에서 긴 꽃대가 나와 그 끝에 지름 1.8cm 정도의 꽃이 1개씩 달린다. 국내에서는 가야산, 설악산 등지에서 드물게 볼 수 있다.

2010. 6. 5. 소천지 ©전준용

두메오리나무

자작나무과

Alnus maximowiczii Callier

수목한계선 부근에서는 떨기나무의 형태로 자라고, 저지대에서는 10m 가까이 자란다. 암수한그루로 6~7월에 가지 끝에 황갈색의 수꽃이 아래로 늘어져 달리고 자주색의 암꽃은 3~5개씩 위를 향해 핀다. 재질이 단단해서 가구재나 건축재로 쓰인다.

독특한 무늬가 있는 수피 ©이우락

2012. 7. 5. 제일봉 자락

오리나무더부살이

열당과

Boschniakia rossica
(Cham. & Schltdl.) B. Fedtsch.

두메오리나무 뿌리에 기생하며 한 뼘 가까이 자란다. 줄기 밑부분은 주름이 지고 윗부분은 삼각 모양으로 끝이 둔한 비늘잎이 빽빽하게 달린다. 7~8월에 원줄기의 윗부분이 굵어져서 많은 꽃이 달린다. 체력증진과 강정 효과가 있어 약재로 쓰인다.

ⓒ남명자

2018. 6. 4. 지하삼림 ©조혜경

까막바늘까치밥나무

까치밥나무과

Ribes horridum Rupr. ex Maxim.

높은 산 숲 속에서 허리 높이 정도로 자란다. 줄기는 황갈색이며 바늘 모양의 딱딱한 가시가 빽빽하다. 잎은 손바닥 모양이고 5~7갈래로 갈라지며 잎자루에도 가시가 있다. 6~7월에 잎겨드랑이에서 나온 총상꽃차례에 10~20개의 꽃이 달린다.

열매

열매 2019. 7. 6. 선봉령

넓은잎까치밥나무

까치밥나무과

Ribes latifolium Jancz.

높은 산의 숲에서 가슴 높이 정도로 자라며 줄기는 매끈하다. 잎의 폭과 길이가 큰 편으로, 잎 양면에 털이 나고, 가장자리에 톱니가 있으며 잎자루가 길다. 6~7월에 붉은빛이 도는 납작한 종 모양의 꽃 10~20개가 총상꽃차례로 달린다.

백두산 주변의 산과 들

참기생꽃
세바람꽃
바이칼바람꽃
쌍동바람꽃
숲바람꽃
산미나리아재비
호작약 / 산작약

노랑매발톱
촛대승마
홀꽃노루발
분홍노루발
호노루발 / 주걱노루발
콩팥노루발
새끼노루발

줄꽃주머니
큰괴불주머니
넓은잎제비꽃
왜졸방제비꽃
나도범의귀
가는잎개별꽃
개벼룩

두만강 상류의 분홍바늘꽃 군락

수염패랭이꽃
호광대수염
털석잠풀
분홍바늘꽃
애기완두
털둥근갈퀴
날개하늘나리

애기기린초
방패꽃
털좁쌀풀
자주꽃방망이
초롱꽃
개병풍
자주방가지똥

관동화
민망초
백두산떡쑥
생열귀나무
흰인가목
땃딸기
풀또기

아광나무
개들쭉나무
물앵도나무
나래회목나무
땃두릅나무
백산차
좁은백산차

참기생꽃 앵초과

Trientalis europaea L.

머리에 커다란 가체를 얹은 기생의 교태가 보이는 꽃이다. 한 뼘 미만 높이에 줄기 윗부분에 5~8장의 잎이 돌려난다. 5~6월에 지름 1cm 정도의 꽃이 한 개씩 달린다. 기생꽃 *T. arctica*은 고산습지에서 아주 작은 크기로 자란다고 하나 실체가 불분명하다.

2018. 6. 3. 선봉령 ⓒ조혜경

축구공 모양의 열매 ⓒ서근나

2013. 6. 19. 오십령

세바람꽃

미나리아재비과

Anemone stolonifera Maxim.

한 포기에 세 개의 꽃이 차례로 피어서 한꺼번에 세 송이를 볼 수는 없다. 높은 산의 숲 가장자리에서 반 뼘 남짓한 높이로 자란다. 잎은 3개로 크게 갈라지고, 갈라진 작은잎은 다시 깊게 2갈래로 갈라진다. 6월에 지름 1.5cm 정도의 꽃이 핀다.

2018. 6. 13. ©김용문

바이칼바람꽃

미나리아재비과

Anemone glabrata (Maxim.) Juz.

산지의 숲 그늘에서 반 뼘 높이로 자란다. 전체에 흰 털이 있고 뿌리잎은 1~2장으로 잎자루가 길다. 줄기잎은 3장으로 세 번 깊게 갈라진 다음 각 갈래가 얕게 갈라진다. 5~6월에 한 포기에서 한 개씩 꽃대가 올라와서 지름 1cm 정도의 꽃이 핀다.

2013. 6. 19. 오십령

쌍동바람꽃

미나리아재비과

Anemone rossii S. Moore

깊은 산 숲 속에서 한 뼘 정도 높이로 자라며 2~3개의 꽃이 쌍둥이처럼 핀다. 잎은 세 갈래로 완전히 갈라진 다음, 다시 2~3갈래로 불규칙하게 갈라지고 줄기잎에는 잎자루가 거의 없다. 6~7월에 2~3개의 꽃대를 올려 지름 1.5cm 정도의 꽃이 한 개씩 달린다.

2011. 6. 16. 왕청

숲바람꽃

미나리아재비과

Anemone umbrosa C. A. Mey.

산지의 숲 그늘에서 한 뼘 정도의 높이로 자란다. 다른 바람꽃 종류에 비해 작은잎이 넓고 얕게 갈라지는 특징이 있다. 빛이 부족하고 바람이 순한 숲에 적응한 잎 모양으로 보인다. 6~7월에 다른 바람꽃에 비해 큰, 지름 2cm 정도의 꽃이 한 개씩 달린다.

산미나리아재비

미나리아재비과

Ranunculus acris var. *montico la* (Kitag.) Tamura

미나리아재비보다 키가 작고 잎이 가늘게 갈라지며, 꽃은 약간 크다. 높은 산지의 풀밭이나 숲 가장자리에서 무릎 아래 높이로 자란다. 뿌리잎은 손바닥 모양으로 3~5갈래로, 줄기잎은 2~3갈래로 가늘게 갈라진다. 7월에 지름 1.5cm 가량의 꽃이 핀다.

2013. 6. 19. 오십령 ©박해정

2013. 6. 20. 두만강 상류

호작약 미나리아재비과

Paeonia lactiflora f. *pilosella* Nakai

산지의 풀밭에서 무릎 높이 남짓 자란다. 잎은 3장의 작은잎으로 된 겹잎이고, 가장자리는 밋밋하다. 6~7월에 지름 6cm 정도의 꽃이 줄기 끝에 1송이씩 달리며 꽃받침은 5장, 꽃잎은 8장이다. 이와 비슷한 백작약은 꽃잎이 보통 5장이다.

2013. 6. 16. 선봉령

산작약 미나리아재비과

Paeonia obovata Maxim.

산지의 숲 속에서 허리 높이 아래로 자란다. 잎은 1~2회 깃꼴로 갈라지고, 윗부분의 잎은 3개로 깊게 갈라진다. 6~7월에 지름 5cm 정도의 꽃이 원줄기 끝에 1개씩 달린다. 작약과 비슷하나 작은잎이 9장 이하이고, 꽃이 활짝 벌어지지 않는다.

노랑매발톱

미나리아재비과

Aquilegia oxysepala
f. *pallidiflora* (Nakai) M. K. Park

뒤쪽의 꽃뿔이 안으로 꼬부라져 매의 발톱을 닮았다. 허리 높이로 자라고 뿌리잎은 여러 장이 모여나며 줄기잎은 어긋난다. 6~7월에 지름 2cm 정도의 꽃을 피우며, 꽃잎처럼 보이는 꽃받침잎이 5장이다. 매발톱은 꽃받침잎이 자주색, 하늘매발톱은 청색이다.

2011. 8. 12. 왕지

촛대승마 미나리아재비과

Cimicifuga simplex (DC.) Turcz.

하얗고 긴 꽃차례가 초를 닮았고 전초는 촛대처럼 곧게 우뚝 선다. 깊은 산지의 숲 그늘이나 고산 습지에서 가슴 높이 정도로 자란다. 잎은 2~3회 3갈래로 갈라지며 가장자리에 톱니가 있다. 6~8월에 원줄기 끝에 한 뼘 남짓한 꽃차례로 핀다.

2012. 6. 28. 지하삼림

홀꽃노루발 노루발과

Moneses uniflora (L.) A. Gray

꽃대 하나에 한 송이의 꽃만 핀다. 높고 깊은 산지의 침엽수림이나 이끼지대에서 반 뼘 미만 높이로 자란다. 잎은 뿌리 가까이서 2~4개가 모여나고, 달걀 모양에 가장자리에 톱니가 있다. 6~7월에 지름 1.5cm 정도의 꽃 하나가 아래를 보고 핀다.

분홍노루발

노루발과

Pyrola asarifolia subsp. *incarnata* (DC.) Haber & Hideki Takahashi

노루발속 중에서 유일하게 분홍색을 띤다. 잎은 뿌리에서 3~5개가 모여나며 가장자리에 얕은 톱니가 있고 광택이 있다. 한 뼘 남짓한 높이로 줄기를 곧게 올려 6~7월에 7~15송이 정도의 꽃을 피운다. 중국 동북부의 숲에서 흔히 볼 수 있다.

2012. 7. 3. 두만강 상류

2013. 6. 22. 모아산

호노루발 노루발과

Pyrola dahurica (H. Andres) Kom.

종소명 '*dahurica*'를 '호'胡(북쪽 오랑캐나 그들이 살았던 지역)로 옮긴 듯한 이름으로, '북노루발'이라고도 한다. 국내에 자생하는 노루발에 비해 잎이 얇고 밝은 녹색인 점 외에는 큰 차이가 없다. 한 뼘 남짓 자라고, 6~7월에 지름 1cm 정도의 꽃이 핀다.

2017. 7. 5. 선봉령 ©전숙희

주걱노루발 노루발과

Pyrola minor L.

꽃잎이 주걱처럼 오목해서 노루발 종류 중에서 꽃이 가장 방울 모양에 가깝다. 잎 모양으로는 노루발이나 호노루발과의 차이를 찾기가 어렵다. 침엽수림 밑에서 한 뼘 정도 높이로 자라고, 6~8월에 7~16개의 꽃이 달린다.

2012. 7. 3. 부석림

콩팥노루발 노루발과

Pyrola renifolia Maxim.

깊은 산지의 침엽수림 밑에서 한 뼘이 못 되는 높이로 자란다. 콩팥 모양의 잎에 잎맥이 뚜렷하고 잎자루가 길다. 6~7월에 지름 1cm 정도의 꽃 2~4개가 아래를 보고 핀다. 국내에서는 울릉도 성인봉 중턱과 인제 등에서 자생지가 확인되었다.

콩팥을 닮은 잎

2012. 7. 9. 부석림

새끼노루발 노루발과

Pyrola secunda L.

한 뼘이 못 되는 높이로 자라며, 잎은 3~4장이 좁은 간격으로 모여난다. 7~8월에 지름 8mm 정도의 꽃 8~15개가 한쪽으로 치우쳐서 달린다. 꽃이 좁은 항아리 모양으로 개화를 해도 벌어지지 않고, 결실기에는 옆으로 휜 꽃대가 바로 선다.

꽃차례

2011. 7. 13. 이도백하 ©김용대

줄꽃주머니 현호색과

Adlumia asiatica Ohwi

산지의 그늘지고 습한 곳에서 자라며, 덩굴며느리주머니나 양꽃주머니라고도 한다. 양팔 길이 정도로 덩굴을 뻗으며 잎은 세 차례까지 갈라지는 깃꼴겹잎으로 끝이 덩굴손이 된다. 7~8월에 잎겨드랑이에서 길이 1.5cm 정도의 꽃들이 5~7개씩 모여 달린다.

꽃차례

2018. 6. 10. 오십령 ©조혜경

큰괴불주머니 현호색과

Corydalis gigantea Trautv. & Meyer

습한 숲이나 계곡 주변에서 볼 수 있다. 국내의 괴불주머니들보다 서너 배 덩치가 커서 가슴 높이까지 자란다. 줄기 속이 비었고, 전체에 털이 없으며 잎은 3장씩 여러 번 갈라진다. 6~8월에 꽃부리의 길이 2cm 정도의 꽃이 핀다.

꽃차례

2016. 4. 24. 영월 ©마용주

넓은잎제비꽃 제비꽃과

Viola mirabilis L.

꽃자루를 뿌리에서 내기도 하고 줄기에서 내기도 해서 '신기한 제비꽃'이라는 학명이 붙었다. 근래에 동강유역에서 발견된 개체들은 뿌리에서 돋은 꽃자루에 꽃이 피고, 줄기에는 폐쇄화가 맺는다. 반 뼘 높이에서 꽃이 핀 후 한 뼘 반까지 자란다.

군락

2018. 6. 17. 천교령

왜졸방제비꽃

제비꽃과

Viola sacchalinensis H. Boissieu

키가 반 뼘에 미치지 못하는 작은 제비꽃이지만 줄기가 있다. 5~6월에 지름 2cm 쯤 되는 꽃이 피며, 암술머리에 돌기모가 있고, 옆꽃잎 안쪽에 털이 있다. 암술머리와 옆꽃잎에 털이 없는 것을 참졸방제비꽃으로 분류했었으나, 왜졸방제비꽃으로 통합하였다.

나도범의귀 범의귀과

Mitella nuda L.

깊은 숲 속에서 우주와 교신하는 듯한 안테나 모양의 꽃이 핀다. 기는줄기를 옆으로 뻗으며 번식하고, 꽃줄기의 높이는 한 뼘 정도다. 5~6월에 꽃잎이 생선뼈 모양으로 깊게 갈라진 모양의 꽃이 핀다. 국내에는 태백 일대에 자생지가 있다.

2012. 6. 28. 지하삼림

특이한 모양의 꽃

2016. 6. 16. 지하삼림 ©민경화

가는잎개별꽃 석죽과

Pseudostellaria sylvatica
(Maxim.) Pax

높은 산지의 숲에서 한 뼘 정도 높이로 자란다. 줄기는 네모지고 두 줄로 털이 나며, 잎의 폭이 5mm 정도로 좁고 길다. 5~6월에 줄기 끝에 지름 8mm 정도의 꽃이 1~5개 달린다. 국내에는 설악산, 오대산 지역에서 드물게 발견된다.

끝이 크게 파이는 꽃잎

2013. 6. 18. 남백두

개벼룩 석죽과

Moehringia lateriflora (L.) Fenzl

벼룩이자리나 벼룩이울타리에 비해 거친 털이 많고 키가 작은 편이다. 산지 숲이나 풀밭에서 한 뼘 남짓한 높이로 자란다. 6~7월에 지름 8mm 정도의 꽃이 달리고, 암술대는 3개, 수술은 10개이다. 국내에는 강원 이북의 산지에 드물게 분포한다.

2019. 7. 10. 송강

수염패랭이꽃 석죽과

Dianthus barbatus var. *asiaticus* Nakai

꽃을 받치고 있는 작은 포가 가늘게 갈라져서 꽃 밑에 수염이 난 듯하다. 산지에서 무릎 높이 정도로 자라고 줄기가 네모지다. 6~8월에 원줄기 끝에 지름 1cm 정도의 꽃 여러 개가 밀집하여 핀다. 국내에서는 백령도에서 자생한다.

2013. 6. 19. 압록강 상류

호광대수염 꿀풀과

Lamium cuspidatum Nakai

잎이 좁고 길어서 긴잎광대수염이나 좁은잎 광대수염이라고도 한다. 고산지대의 숲 가장자리에서 무릎 높이 정도로 자란다. 광대수염에 비해 잎자루는 짧고 잎몸은 길다. 7~8월에 윗부분의 잎겨드랑이에서 흰색, 홍자색의 꽃이 층층이 모여 달린다.

비교 : 광대수염

2019. 7. 7. 송강하

털석잠풀 꿀풀과

Stachys japonica var. *villosa* (Kudo) Ohwi

석잠풀과 아주 닮았으나 줄기와 꽃차례에 꼿꼿이 서는 털이 많다. 계곡 주변의 습한 땅이나 초원에서 한 뼘 반 정도 높이로 자란다. 6~8월에 줄기 끝이나 잎겨드랑이에서 1cm 길이 쯤 되는 꽃들이 돌려난다. 우단석잠풀은 굽은털이 나서 부드럽다.

줄기에 빽빽한 털

분홍바늘꽃 바늘꽃과

Epilobium angustifolium L.

꽃차례가 불꽃을 닮아서 서양 사람들은 fireweed라고도 하며, 꽃말은 순수한 사랑이다. 6~8월에 원줄기 끝에 폭 1cm 정도의 꽃이 총상꽃차례로 피고 씨방이 바늘처럼 가늘고 길다. 유라시아 대륙에 광범위하게 분포되어 있고, 강원도 일부 지역에도 자생한다.

2012. 6. 30. 압록강 상류

2011. 6. 8. ©김경종

애기완두 콩과

Lathyrus humilis (Ser.) Spreng.

북부지방 산지에서 두 뼘 남짓한 높이로 자라며 줄기는 모가 진다. 잎은 3~5쌍의 작은잎으로 된 짝수깃꼴겹잎으로 끝은 갈라지는 덩굴손이 된다. 5~6월에 잎겨드랑이에서 긴 꽃줄기가 나와 3~5개의 꽃이 달리고, 꽃받침 끝은 얕게 갈라진다.

꽃차례와 잎차례

2019. 7. 10. 선봉령 ©박해정

털둥근갈퀴 꼭두서니과

Galium kamtschaticum Steller ex Schult.

깊은 산의 침엽수림 아래 다소 습한 곳에서 반 뼘 남짓한 높이로 자란다. 잎은 마디마다 네 장씩 돌려나며, 전체적으로 둥근 모양이나 끝이 뾰족해지고 털이 많다. 7~8월에 줄기 끝에 10송이 가까이 꽃이 피고, 열매는 2개씩 달리며 긴 갈고리털이 빽빽하게 난다.

열매 ©전숙희

날개하늘나리

백합과

Lilium dauricum Ker Gawl.

줄기에 좁은 날개가 있으며 꽃은 하늘을 본다. 허리 높이 정도로 자라고, 잎은 좁은 간격으로 어긋나고 줄기 끝에서 돌려난다. 7~8월에 지름 7cm 정도의 꽃이 줄기 끝에 2~5개가 핀다. 국내에서는 경북, 강원의 일부 산지에서 드물게 자생한다.

2012. 6. 30. 송강하

애기기린초

꿩의비름과

Sedum middendorffianum Maxim.

바위 위에서 한 뼘 높이로 자라며, 겨울에 밑동이 남아 봄에 싹을 낸다. 잎 길이는 1.5~2cm로, 가장자리에 얕은 톱니가 있고 잎자루가 없이 밑부분이 좁아져서 원줄기에 달린다. 6~8월에 지름 8mm 쯤 되는 꽃 여러 개가 줄기 끝에 핀다.

2012. 6. 30. 송강하

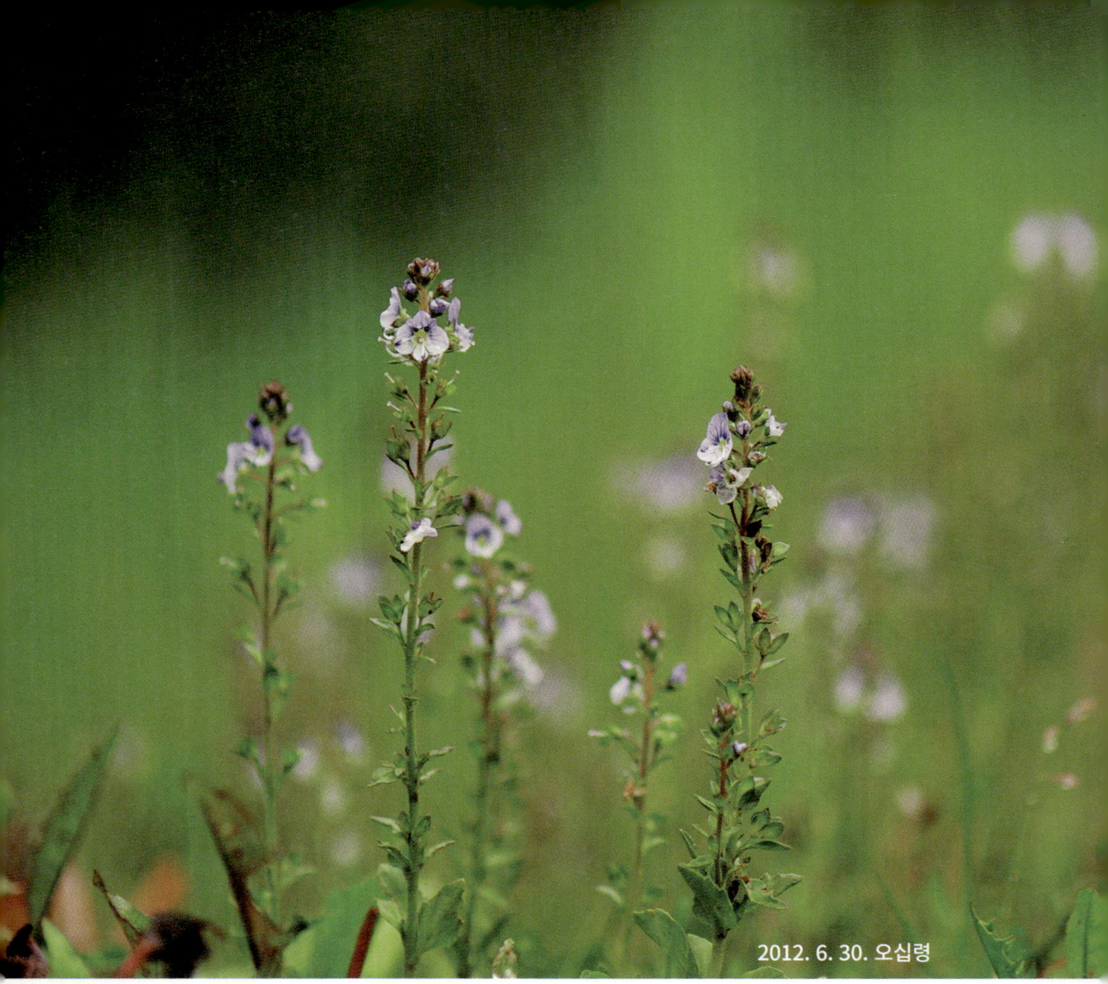
2012. 6. 30. 오십령

방패꽃 현삼과

Veronica tenella All.

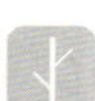

열매가 방패처럼 생긴데서 유래한 이름으로, 개투구꽃이라고도 한다. 고산지대의 물이 자작하게 젖은 땅에서 한 뼘 쯤 되는 높이로 자란다. 잎은 넓은 달걀 모양이고, 길이 1cm, 폭 0.5cm 안팎이다. 7~8월에 지름 6mm 정도의 꽃이 줄기 끝에 총상꽃차례로 달린다.

2012. 8. 12. 왕지

털좁쌀풀 현삼과

Euphrasia retrotricha Nakai ex T. H. Chung

국내에 자생하는 앉은좁쌀풀*E. maximowiczii*과 아주 비슷하나, 높이가 한 뼘 정도로 앉은좁쌀풀에 비해 다소 크고 가지를 치지 않는 편이고, 전초에 털이 많다. 7~8월에 윗부분의 잎겨드랑이에서 길이 7mm 정도의 꽃이 핀다. 주로 북부지방에 분포한다.

2013. 7. 19. 두만강 상류

자주꽃방망이 초롱꽃과

Campanula glomerata subsp. *speciosa* (Hornem. ex Spreng.) Domin

이름에 방망이가 붙은 식물은 대체로 가지를 치지 않으며 줄기 끝에 꽃차례가 달린다. 산지의 풀밭에서 무릎에서 허리 높이 정도로 자란다. 6~9월에 줄기 끝과 위쪽 잎겨드랑이에 10개 정도의 꽃이 뭉쳐서 달린다. 국내에는 중부 이북지역에 분포한다.

흰색 꽃과 자주색 꽃

2013. 6. 18. 장백현

초롱꽃 초롱꽃과

Campanula punctata Lam.

국내의 초롱꽃은 대개 상아색을 띠지만 백두산 주변에는 연자주색이 많다. 산자락의 숲 가장자리에서 두 뼘 미만 높이로 자라고 남한 지역에서는 1m 정도까지 자란다. 6~8월에 초롱을 닮은 길이 4cm 정도의 꽃들이 줄기와 가지 끝에 달린다.

2013. 6. 18. 장백현

2012. 6. 30. 압록강 상류

개병풍 범의귀과

Astilboides tabularis (Hemsl.) Engl.

잎이 병풍처럼 넓지만 식용이 가능한 병풍쌈(국화과)보다는 못하다는 이름이다. 잎은 아동용 우산만 하고, 끝이 5~9갈래로 얕게 갈라진다. 키 높이 정도로 자라며, 6~7월에 줄기 끝에 원뿔모양꽃차례로 꽃이 핀다. 강원, 경기도의 높은 산에도 드물게 자생한다.

꽃차례

2019. 7. 7. 송강하 ⓒ박해정

자주방가지똥 국화과

Lactuca sibirica (L.) Benth. ex Maxim.

방가지똥이라는 이름이 붙었으나 왕고들빼기속*Lactuca*의 식물이다. 깊은 산지에서 허리 높이 가까이 자라며 줄기에 털이 없다. 잎은 긴 피침형으로 가장자리가 불규칙하게 갈라지거나 톱니가 있다. 7~9월에 연한 보라색의 머리모양꽃이 편평꽃차례로 달린다.

2007. 5. 5. 이도백하 ©이도근

관동화 款冬花 국화과

Tussilago farfara L.

머위속의 식물로, 겨울을 나자마자 이른 봄에 잎보다 먼저 꽃을 낸다. 잎은 대체로 머위잎을 닮았으나 백두산 주변의 개체는 잎 끝이 뾰족한 편이다. 5월 초순에 지름 4cm 정도의 꽃이 피고 꽃이 시든 후에 잎이 나와 한 뼘 반 높이로 자란다.

7월의 잎

2011. 8. 12. 이도백하

민망초 국화과

Erigeron acris L.

망초와 개망초의 중간쯤 되는 망초속의 식물로, 숲 가장자리나 들에서 허리 높이 아래로 자란다. 7~8월에 줄기와 가지 끝에 지름 1cm 정도의 머리모양꽃이 피고, 총포는 3열이다. 주로 금강산 이북에 분포하며, 2014년에 강원도에서도 발견되었다.

꽃차례

백두산떡숙 국화과

Antennaria dioica (L.) Gaertn.

백두산떡쑥이라는 이름이 무색하게 백두산 주변에서 관찰한 자료는 희귀한 반면, 국립수목원 등 여러 식물원에서 재배한다. 건조한 풀밭에서 한 뼘 정도 높이로 자라며, 전체에 흰색 솜털이 빽빽하게 난다. 암수딴그루로 6월에 꽃줄기 끝에 여러 개의 꽃이 모여 핀다.

2019. 5. 9. 평강식물원 ©박해정

2019. 7. 9. 소천지

생열귀나무 장미과

Rosa davurica Pall.

찔레꽃과 해당화를 반반씩 닮았고, 키 높이 정도로 자란다. 6~7월에 찔레꽃보다 조금 큰 분홍색의 꽃이 핀다. 높은 산에 피는 인가목에 비해 꽃 색이 연하고, 잎 뒷면에 선점이 있어 끈적이는 차이가 있다. 국내에는 강원도 홍천, 영월 등지에 자생한다.

2018. 6. 3. 이도백하

흰인가목 장미과

Rosa koreana Kom.

찔레나무보다 꽃은 크고 잎은 작으며 가시는 촘촘하다. 잎은 7~11개의 작은잎으로 이루어진 겹잎이고 가장자리에 톱니가 있다. 5~6월에 흰색이나 연분홍색의 꽃이 가지 끝에 1개씩 달린다. 국내에는 강원, 경기 북부의 산지 능선과 너덜지대에 자생한다.

땃딸기 장미과

Fragaria yezoensis H. Hara

땃딸기는 땅딸기의 옛말로, 줄기가 땅을 기며 마디에서 뿌리를 내린다. 6~8월에 지름 1.5cm 정도의 꽃이 피고, 7월 하순 이후에는 꽃과 열매를 같이 볼 수 있다. 한라산의 흰땃딸기는 땃딸기에 비해 줄기에 털이 빽빽한 편이다.

2012. 6. 27. 송강하

열매

2010. 4. 24. ©전숙희

풀또기 장미과

Prunus triloba var. *truncata* Kom.

벚나무속의 나무로, 벚꽃이나 복숭아꽃에 비해 여러 겹으로 꽃이 피며, 산기슭의 양지에서 두 키 가까운 높이까지 자란다. 4~5월에 잎이 나기 전에 지름 2cm 정도의 꽃이 줄기에 한두 송이씩 달린다. 국내에서는 조경용으로 식재한다.

열매

2018. 5. 4. ©김경종

아광나무 장미과

Crataegus maximowiczii
C. K. Schneid.

산사나무의 근연종으로 뫼산사나무, 산산사나무라고도 한다. 북부지방의 산지에서 두 키 높이 정도로 자라며 잎가장자리가 불규칙하게 갈라진다. 5~6월에 짧은 가지 끝에 작은 꽃들이 겹편평꽃차례로 핀다. 산사나무에 비해 줄기에 가시가 없고, 잎 뒷면에만 털이 있다.

열매

2017. 5. 29. 부석림 ©전준용

개들쭉나무 인동과

Lonicera caerulea var. *emphyllocalyx* (Maxim.) Nakai

높은 산이나 고원지대에서 가슴 높이로 자란다. 잎은 타원형이고 양끝이 뭉툭하며, 뒷면에 잔털이 있다. 5~6월에 가지 끝에 길이 2cm 정도의 꽃이 두 개씩 달리고, 꽃자루가 짧다. 열매는 7월에 길쭉한 구형으로 익고 먹을 수 있다.

열매

2009. 6. 4. 송강하 ©김경종

물앵도나무 인동과

Lonicera ruprechtiana Regel

산골짜기에서 두 키 높이까지 자라며, 가지 속이 비어 있다. 5~6월에 인동과 비슷한 꽃이 잎겨드랑이에 달리고, 흰색으로 피어서 점차 노란색으로 변한다. 열매는 6~7월에 주황색으로 익는다. 평안도, 함경도, 중국 동북지방에 흔해서 땔감으로 쓰인다.

열매

2016. 6. 18. 오십령 ©김경종

나래회목나무 노박덩굴과

Euonymus oligospermus Ohwi

회목나무에 비해 잎이 좁은 편이고, 잎자루에 날개가 있다. 6~7월에 잎겨드랑이에서 길이 2cm 정도의 꽃자루가 나와 끝에 1~3개의 꽃이 핀다. 회목나무의 꽃자루는 잎 위에 닿아 있는 편이나 나래회목나무의 꽃자루는 대개 잎과 떨어져 있다.

꽃자루의 관절 ©서근나

2019. 7. 7. 오십령

땃두릅나무 두릅나무과

Oplopanax elatus (Nakai) Nakai

고산지대의 습도가 높은 산 중턱에서 키 높이 남짓 자란다. 줄기에 길이 1cm 정도의 바늘 모양 가시가 빽빽하고 잎맥과 잎자루에도 가시가 밀생한다. 7~8월에 꽃이 피며 꽃차례에도 털과 가시가 있다. 국내의 높고 깊은 산지에서도 드물게 볼 수 있다.

열매

2018. 6. 7. 황송포 ⓒ조혜경

백산차 白山茶

진달래과

Ledum palustre var. *diversipilosum* Nakai

전초에서 매우 강한 향기가 나서 잎을 차로 끓여 마시며 백두산 일대에서 난다는 이름이다. 무릎 높이 남짓하게 자라고, 잎은 길이 2~8cm의 긴 타원형이다. 6~7월에 2년 지 끝에서 나온 꽃차례에 양성화가 모여 핀다.

백산차(왼쪽)와 좁은백산차(오른쪽)의 잎

2012. 7. 3. 두만강 상류

좁은백산차 진달래과

Ledum palustre var. *decumbens* Aiton

백산차와 같은 속의 식물로, 잎의 폭을 제외하고는 거의 차이가 없다. 잎이 뒤로 말리는 경향이 있으며, 뒷면에 백산차의 잎에 있는 흰 털이 없다. 백두산 주위에서 볼 수 있는 개체는 대부분 좁은백산차이고, 백산차의 잎과 연속적인 변이를 보이므로 사실상 구분하가 어렵다.

북간도와 고구려 옛 땅

꽃고비
만주붓꽃
흰양귀비
간도제비꽃
수염용담
자주박주가리
명천봄맞이
부지깽이나물
쑥부지깽이
큰장대
가는장대
피뿌리풀
원지
두메애기풀
큰금매화
좁은잎사위질빵
제비고깔
분홍할미꽃
황종용
좀낭아초
함경딸기
실별꽃
긴잎별꽃
큰별꽃

하얼빈 지역의 큰금매화 군락

왕별꽃
벼룩이울타리
관모개미자리
털동자꽃
패모
실부추
노랑부추
솔나리
큰솔나리
털향유
구슬골무꽃
용머리
황금
황기
개황기
자주황기
노랑개자리
린네풀
사리풀
실쑥
흰잎엉겅퀴
금혼초
연지화
좁은잎해란초
냉초
만주잎갈나무
종비나무
만주곰솔
자작나무

2011. 6. 16. 왕청

꽃차례

꽃고비 꽃고비과

Polemonium racemosum
(Regel) Kitam.

연보라색의 아름다운 꽃이 피고, 잎이 고비를 닮았다. 가슴 높이까지 자라며 줄기는 거의 가지를 치지 않는다. 잎은 한 뼘 남짓한 길이의 깃꼴겹잎으로 6~12쌍의 작은잎이 달린다. 6~8월에 지름 1.5cm 정도의 꽃이 총상꽃차례로 달린다.

2011. 6. 8. 왕청 ©김경종

만주붓꽃 붓꽃과

Iris mandshurica Maxim.

산지나 들에서 한 뼘 남짓한 높이로 자라며, 잎은 칼 모양이다. 5월에 지름 5cm 정도의 노란꽃 두 송이가 차례로 핀다. 외꽃덮이는 숟갈 모양으로 안쪽 중앙부에 노란색 샘털 돌기가 밀생하며 내꽃덮이는 곧게 서고 자주색의 가는 줄무늬가 있다.

©서근나

2018. 5. 31. 왕청 ©서근나

흰양귀비 양귀비과

Papaver amurense (N. Busch) N. Busch ex Tolm.

풀밭에서 무릎 높이 쯤 자라며, 아편을 추출하는 양귀비와는 달리 약성이 없다. 전체에 굵은 털이 빽빽하고 잎은 잎자루가 길고 깃꼴로 깊게 갈라진다. 5월 하순~7월에 잎이 없는 긴 꽃줄기 끝에 지름 5cm 정도의 꽃이 한 송이씩 달린다.

2017. 5. 28. 용정 ⓒ전준용

간도제비꽃 제비꽃과

Viola dissecta for. *pubescens* (Regal) Kitag.

남산제비꽃과 비슷하나 잎 끝이 하늘을 향한다. 줄기가 없이 잎과 꽃대가 뿌리에서 나와 반 뼘 쯤 자란다. 5~6월에 꽃자루가 잎보다 높이 돋아 꽃을 피우며, 꽃자루에 털이 많다. 북간도와 만주 일대에 분포한다.

ⓒ서근나

2009. 8. 29. 화룡 ©이도근

수염용담 용담과

Gentianopsis barbata (Froel.) Ma

수염은 까락을 뜻하는 종소명 *barbata*에서 유래한 듯하다. 습한 풀밭에서 무릎 높이 이하로 자라며, 줄기는 가지를 많이 치고 잎자루는 없다. 8~9월에 연한 보라색 꽃이 가지 끝에 한 개씩 달린다. 북부지방과 중국 동북지방에 드물게 분포한다.

2012. 6. 13. 용정 ©서근나

자주박주가리 박주가리과

Cynanchum purpureum
(Pall.) K. Schum.

한반도 북부와 중국 동북부의 메마른 산기슭이나 모래땅에서 드물게 발견된다. 줄기는 가지를 치고 흰색의 긴 털이 성기게 난다. 6월에 가지 끝이나 잎겨드랑이에서 긴 꽃대가 나와 지름 5mm 정도의 꽃들이 우산모양꽃차례를 이룬다.

2018. 6. 29. 용정 ©전준용

명천봄맞이 앵초과

Androsace septentrionalis L.

애기봄맞이와 아주 비슷하나, 애기봄맞이에 비해 꽃차례가 성기고, 꽃잎 끝이 둥근 편이며, 잎 가장자리의 끝부분에 서너 개의 얕은 톱니가 있다. 6월에 꽃줄기 끝에서 우산모양꽃차례로 지름 4mm 정도의 꽃들이 달린다.

결각이 있는 뿌리잎

꽃잎의 끝이 뾰족한 애기봄맞이

2018. 6. 5. 천교령 ©김용문

부지깽이나물

십자화과

Erysimum amurense Kitag.

산지의 건조한 곳에서 허리 높이 정도로 자란다. 밑에서 가지가 갈라지며, 잎은 너비 5mm 정도로 좁은 편이다. 5~8월에 지름 1cm 정도의 노란색 꽃이 핀다. 북한 지역과 중국 동북지방에 광범위하게 분포하며, 국내 자생 여부는 확인되지 않았다.

2018. 6. 29. 선자령 ⓒ 이우락

쑥부지깽이

십자화과

Erysimum cheiranthoides L.

산야의 초지나 숲 가장자리에서 무릎 높이로 자란다. 잎은 길쭉한 주걱 모양이고 가장자리에 희미한 톱니 흔적이 있다. 5~6월에 지름 5mm 정도의 꽃이 총상꽃차례로 피고, 꽃받침조각은 긴 타원형이다. 강원, 경북 일부 지역에서도 드물게 자생한다.

2016. 6. 27. 용정

큰장대 십자화과

Clausia trichosepala (Turcz.) Dvorak

산지의 풀밭이나 볕이 잘 드는 숲에서 무릎 높이 정도로 자란다. 뿌리잎은 꽃이 필 때 없어지고, 줄기 잎은 긴 타원형으로 가장자리에 큰 톱니가 있다. 6~8월에 지름 1cm 가량의 꽃이 줄기 끝에서 모여난다. 백두산 주변과 중국, 몽골 등지에 분포한다.

2019. 7. 6. 용정

가는장대 십자화과

Dontostemon dentatus
(Bunge) C. A. Mey. ex Ledeb.

숲 가장자리나 들의 양지바른 곳에서 무릎 아래 높이로 자란다. 뿌리잎은 모여나고 줄기잎은 가늘고 긴 버들잎 모양이다. 5~6월에 지름 4mm 정도의 연한 자주색 꽃이 총상꽃차례로 핀다. 국내에서는 주로 강원도 이북지역에 드물게 분포한다.

피뿌리풀

팥꽃나무과

Stellera chamaejasme L.

꽃부리가 피처럼 붉어서 유래된 이름으로, 몽골과 중국 동북지방에 널리 분포한다. 고려시대 몽골 지배 하에서 제주에서 몽골의 군마를 기르면서 종자가 유입되었다는 설이 유력하며, 지금은 극소수 개체가 자생한다. 제주에서는 4월 하순, 만주 지역에서는 6월 중순에 꽃이 핀다.

2016. 6. 24. 아영기

2012. 7. 2. 용정

원지 遠志 원지과

Polygala tenuifolia Willd.

산지의 양지바른 풀밭에서 두 뼘 정도 높이로 자라며, 뿌리를 말린 약재를 원지라고 한다. 전체에 털이 거의 없고 잎은 솔잎처럼 가늘다. 5~7월에 꽃부리의 길이가 8mm 정도 되는 꽃이 줄기 끝에 성기게 달린다. 국내에는 경북 일부 지역에 자생한다.

2019. 7. 6. 조양천

두메애기풀 원지과

Polygala sibirica L.

석회암 지대의 건조한 산지에서 한 뼘 반 정도 높이로 자란다. 전체에 털이 있고, 잎은 좁고 길쭉하며, 애기풀과 원지의 중간 형태이다. 6~7월에 꽃부리의 길이 8mm 정도의 꽃이 줄기 끝에서 핀다. 국내에서는 강원, 충남, 전남 일부 지역에 자생한다.

큰금매화 미나리아재비과

Trollius macropetalus (Regel) F. Schmidt

중국 동북부, 몽골 지역의 습한 초원에서 허리 높이로 자란다. 줄기는 곧게 서고 한두 개의 가지를 친다. 7~8월에 지름 4cm 정도의 오렌지색 꽃이 핀다. 꽃받침이 꽃잎처럼 보이고, 꽃잎은 8~18개의 선형으로 빗살처럼 곧게 선다.

2014. 7. 14. 내몽고

좁은잎사위질빵

미나리아재비과

Clematis hexapetala Pall.

사위질빵은 덩굴나무고 좁은잎사위질빵은 줄기가 곧은 여러해살이풀이다. 허리 높이 정도로 자라며, 잎은 3출엽으로 갈래가 좁다. 6~8월에 지름 2.5cm 정도의 꽃이 가지 끝에 피고 둥근 꽃봉오리가 아름답다. 국내에서는 태안반도에 자생한다.

2016. 6. 25. 내몽고

2018. 7. 1. 화룡 ©전준용

제비고깔 미나리아재비과

Delphinium grandiflorum L.

북부지방의 초원지대나 숲 가장자리에서 무릎 높이 남짓하게 자란다. 잎은 3갈래로 깊게 갈라진 다음, 다시 2회 2~3갈래로 좁고 길게 갈라진다. 7~8월에 길이 2cm 정도 되는 꽃 10여 개가 총상꽃차례로 핀다. 큰제비고깔은 잎이 한 번에 3~7갈래로 갈라진다.

2011. 6. 5. 도문 ⓒ서근나

분홍할미꽃 미나리아재비과

Pulsatilla dahurica (Fisch. ex DC.) Spreng.

중국 동북지역의 양지바른 초원에서 한 뼘 남짓한 높이로 자란다. 잎은 할미꽃보다 가늘고 길게 갈라지며 끝이 뾰족하다. 5~6월에 긴 꽃줄기를 올려 끝에 연분홍색의 작은 꽃이 1개씩 달리고 꽃받침잎은 6장이다.

ⓒ조혜경

2016. 6. 25. 하얼빈

황종용 열당과

Orobanche pycnostachya Hance

쑥 종류의 뿌리에 기생하며, 전체가 노란색을 띠어서 노랑쑥더부살이라고도 한다. 잎은 비늘 모양으로 줄기에 붙고, 5~6월에 연한 노란색 꽃이 줄기 윗부분에 달린다. 백두산 주변을 포함한 고산초원에 자생하고, 몽골과 러시아까지 광범위하게 분포한다.

개화 전 모습 ©반정규

2015. 7. 26. 몽골 홉스쿨 ©김경종

좀낭아초 장미과

Chamaerhodos erecta (L.) Bunge

줄기에 가시털이 드물게 나고 가지가 많이 갈라지며, 두 뼘 길이 정도로 비스듬히 자란다. 잎은 새깃 모양으로 좁게 갈라지고 가장자리는 밋밋하다. 6~7월에 원줄기 끝에 꽃이 피고 꽃받침에 가시털이 있다. 함북지방으로부터 시베리아까지 널리 분포한다.

함경딸기 장미과

Rubus arcticus L.

높은 산의 습한 지대에서 줄기를 뻗어가며 자라는 풀꽃 같은 나무다. 줄기에 가시가 없고 짧은 털만 퍼져나며, 잎은 3출겹잎이다. 7월에 지름 2cm 정도의 꽃이 줄기 끝에 1송이씩 달린다. 유라시아와 북아메리카의 한랭한 지대에 광범위하게 분포한다.

열매

2018. 6. 29. 화룡 ©전준용

실별꽃 석죽과

Stellaria filicaulis Makino

줄기가 실처럼 가늘고 길며 네모지고, 한 뼘 반 정도 뻗는다. 논밭이나 습지에서 자라며, 잎은 길이 2~3cm로 좁고 가늘다. 6~7월에 별꽃과 비슷한 크기의 꽃이 피며, 수술은 10개, 암술대는 3갈래다. 긴잎별꽃은 꽃밥이 노란색이고 실별꽃은 붉은색을 띤다.

2013. 6. 16. 돈화 ©박해정

2012. 7. 4. 송강하

긴잎별꽃 석죽과

Stellaria longifolia Muhl. ex Willd.

별꽃 종류 중에 잎이 좁고 긴 편으로 습한 초원에서 자란다. 줄기가 밀생하며 모가 지고 곧게 서서 두 뼘 높이 가까이 자란다. 잎은 폭 1mm, 길이 2.5cm 정도이고 가운데 골이 분명하다. 5~6월에 지름 6mm 정도의 꽃이 피며, 수술은 5개고 암술대는 3갈래이다.

2018. 6. 8. 내두산 ©조혜경

큰별꽃 석죽과

Stellaria bungeana Fenzl

높은 산지의 숲 가장자리 풀밭에서 무릎 높이까지 자란다. 줄기에 털이 많고, 가지가 반복해서 Y자로 갈라지는 차상분지를 한다. 6~7월에 지름 1.5cm 정도의 꽃을 피운다. 수술 10개 중 5개는 길고 5개는 짧으며 암술대는 3갈래고, 꽃잎이 꽃받침보다 훨씬 길다.

왕별꽃 석죽과

Stellaria radians L.

별꽃 종류 중에서 가장 꽃이 크다. 산이나 들의 다소 습한 곳에서 무릎 높이로 자란다. 6~9월에 가지 끝이나 잎겨드랑이에서 지름 1cm 정도의 꽃이 피며, 수술은 10개, 암술대는 3갈래이다. 꽃잎은 다섯 장이나 한 장의 꽃잎이 7~10갈래로 깊게 또는 얕게 불규칙하게 갈라진다.

2012. 7. 4. 송강하

2013. 7. 19. 용정 ©박해정

벼룩이울타리 석죽과

Arenaria juncea M. Bieb.

벼룩은 25cm 정도 높이 뛰므로 보통 30cm 정도 자라는 벼룩이울타리를 넘지 못한다. 뿌리에서 여러 줄기가 나오며 윗부분에서 가지를 친다. 뿌리잎은 밑동에서 모여나고 줄기잎은 마주난다. 7~8월에 지름 7mm 정도의 꽃이 줄기 끝에 취산꽃차례로 달린다.

2015. 7. 30. 몽골 테를지

관모개미자리 석죽과

Arenaria capillaris Poir.

함북 관모봉에서 발견되었다는 이름이다. 반 뼘 높이로 자라며 솔잎 모양의 뿌리잎은 모여나고 줄기잎은 마주나며 짧다. 7~8월에 줄기와 가지 끝에 지름 1.5cm 정도의 꽃이 한 개씩 달린다. 꽃받침은 길이 5mm 정도의 끝이 뾰족한 타원형으로 꽃잎보다 짧다.

털동자꽃 석죽과

Lychnis fulgens Fisch.

꽃받침통 속에 흰 털이 목화처럼 보이고 줄기에 도 긴 털이 많다. 허리 높이까지 자라며, 잎자루는 없고 잎 끝이 길게 뾰족하다. 7~8월에 줄기 끝과 윗부분의 잎겨드랑이에서 5~8개의 꽃이 취산꽃차례로 달린다. 국내에서는 강원도 북부에서 아주 드물게 발견된다.

2015. 7. 5. 돈화 ©전준용

꽃받침통 속의 털

패모 貝母 백합과

Fritillaria ussuriensis Maxim.

땅속 비늘줄기의 조각이 조개를 닮아서 유래한 이름이라고 한다. 산지에서 한 뼘 반 남짓 자라며, 잎은 마주나거나 세 장씩 돌려나고, 잎 끝은 덩굴손으로 된다. 5월 하순부터 꽃줄기 끝부분의 잎겨드랑이에 한 송이씩 밑을 향해 종 모양의 꽃이 핀다.

2017. 5. 11. 이도백하 © 서근나

2013. 7. 19. 용정

실부추 백합과

Allium anisopodium Ledebour

양지바른 풀밭에서 한 뼘 남짓한 높이로 자라며, 잎의 단면이 둥글고, 직경이 1mm 정도로 실처럼 가늘다. 6~7월에 지름 4~5mm의 작은 꽃들이 우산모양꽃차례로 핀다. 종소명 '*anisopodium*'은 작은꽃줄기(小花莖)의 길이가 같지 않다는 뜻이다.

소화경의 길이가 다른 꽃차례

2017. 8. 1. 두만강 하류 ©유걸

노랑부추 백합과

Allium condensatum Turcz.

황해도 이북의 산지나 들에 분포하며, 두 뼘 높이 남짓 자란다. 7~8월에 연노랑색의 꽃이 우산모양꽃차례를 이루며, 꽃자루의 길이는 4~25mm로 서로 차이가 많다. 수술은 6개로 꽃잎보다 길다. 비늘줄기와 연한 잎을 식용한다.

수술이 길게 발달한 꽃차례

2013. 7. 20. 안도

솔나리 백합과

Lilium cernuum Kom.

국내에서는 고산지대의 정상부에서 두 뼘 남짓한 높이로 드물게 자생하지만 만주지역에서는 상대적으로 낮은 초원지대에서 허리 높이로 자란다. 7~8월에 원줄기와 가지 끝에 1~4개의 꽃이 밑을 향해 피고 꽃덮이의 끝이 뒤로 말린다.

2016. 6. 25. 하얼빈

큰솔나리 백합과

Lilium tenuifolium Fisch.

분홍색 꽃이 피는 솔나리에 비해 주홍색의 꽃이 피고 덩치가 약간 큰 편이다. 허리 높이 정도로 자라며 줄기 아랫부분에 솔잎 모양의 잎이 달린다. 6~7월에 지름 4cm 정도의 꽃이 5~7개가 아래를 향해 달린다. 중국 동북부 산지의 양지바른 비탈이나 암석지대에 자란다.

2013. 7. 10. 돈화

털향유 꿀풀과

Galeopsis bifida Boenn.

전형적인 꿀풀과 식물의 모습으로 한 뼘 정도 높이로 곧게 자라며, 전체에 짧고 뻣뻣한 털이 밑을 향해 빽빽하게 난다. 6~8월에 줄기 윗부분의 잎겨드랑이에서 길이 1cm 정도의 꽃이 돌려난다. 강원 이북에 분포하며 경남의 고산지대에서도 관찰된다.

2012. 7. 3. 두만강 상류

구슬골무꽃 꿀풀과

Scutellaria moniliorrhiza Kom.

뿌리줄기가 염주 모양으로 비대하고 땅위줄기가 곧게 서서 한 뼘 남짓한 높이로 자란다. 잎은 좁은 삼각형이고, 잎맥과 가장자리의 톱니가 뚜렷하다. 6~8월에 줄기 윗부분에서 길이 1.2cm 정도의 꽃부리가 달리며, 꽃과 줄기의 각도가 넓은 편이다.

뿌리에 발달한 구슬 모양의 돌기

2019. 7. 6. 용정

용머리 꿀풀과

Galeopsis bifida Boenn.

꿀풀과의 비슷한 식물들 중에서 꽃부리가 두드러지게 크다. 무릎 높이 정도로 자라며 뿌리에서 줄기가 모여나고 가지를 치지 않는다. 6~8월에 길이 3cm 정도의 꽃 여러 개가 줄기 끝에 달린다. 국내에서는 강릉, 단양 등지에 드물게 자생한다.

용머리(왼쪽)와 황금(오른쪽)의 꽃

2014. 7. 14. 내몽고

황금黃芩 꿀풀과

Scutellaria baicalensis Georgi

이 식물의 뿌리를 말린 약재를 황금이라고 하며 그대로 식물명이 되었다. 무릎 높이 남짓 자라며, 7~8월에 원줄기와 가지 끝에 길이 2cm 정도의 꽃들이 총상꽃차례로 달린다. 만주, 몽골 등지에 분포하고 국내에서는 약용으로 재배한다.

꽃차례

2013. 7. 19. 두만강 상류

황기 콩과

Astragalus mongholicus Bunge

황기는 한약재의 이름으로 이 식물의 뿌리를 일컫는다. 산지의 풀밭에서 허리 높이 정도까지 자라며, 잎은 작은잎 6~11쌍으로 이루어진 깃꼴겹잎이다. 7~8월에 길이 1.5cm 정도의 꽃들이 한쪽으로 치우쳐서 달린다. 국내 자생 여부는 분명하지 않다.

2012. 7. 1. 연길

개황기 콩과

Astragalus uliginosus L.

산과 들의 풀밭에서 허리 높이 가까이 자라며 전체에 흰 털이 난다. 잎은 8~14쌍으로 된 홀수깃꼴겹잎으로, 앞면은 털이 약간 있고 뒷면은 밀생한다. 6~8월에 긴 꽃자루 끝에 상아색의 꽃이 총상꽃차례로 핀다. 함경도와 중국, 몽골 등지에 분포한다.

2013. 7. 19. 두만강 상류

자주황기 콩과

Astragalus dahuricus (Pall.) DC.

전체적인 모양은 개황기와 닮았으나 꽃이 자주색으로 핀다. 높은 산의 풀밭에서 허리 높이까지 자라며 전체에 흰 털이 있다. 작은잎이 11~19장인 깃꼴겹잎으로 양끝이 둔하다. 7~8월에 3~6cm 길이의 총상꽃차례로 꽃이 달린다.

2015. 7. 28. 몽골

노랑개자리 콩과

Medicago ruthenica (L.) Ledeb.

노란 꽃 가운데에 자주색 무늬가 또렷하다. 풀밭에서 덩굴을 뻗거나 숲 가장자리에서 비스듬히 허리 높이 정도로 자란다. 6~9월에 잎겨드랑이에서 꽃자루가 나와 지름 7mm 정도의 꽃 4~9개가 달린다. 제주도에서도 드물게 볼 수 있다

린네풀 린네풀과

Linnaea borealis L.

북반구의 아한대 지역 숲 그늘에서 반 뼘 높이로 자란다. 잎은 길이 5~10mm의 넓은 타원형이다. 6~7월에 긴 꽃대를 올려 지름 8mm 정도의 꽃이 2개씩 아래를 향해 달린다. 열매는 구슬 모양으로 9~10월에 황색으로 익는다. 유라시아 대륙에 넓게 분포한다.

2011. 7. 17. 지하삼림 ©조옥란

2013. 7. 19. 이도백하

사리풀 가지과

Hyoscyamus niger L.

유럽 원산의 유독식물로 국내에서는 약용으로 재배한다. 가슴 높이까지 자라며, 전체에 털과 샘털이 있어 끈적인다. 잎은 긴타원형으로 끝이 뾰족하고 가장자리에 물결 모양의 큰 톱니가 있다. 6~7월에 줄기 끝에 지름 2~3cm의 꽃 3~5개가 달린다.

2019. 7. 6. 용정

실쑥 국화과

Filifolium sibiricum (L.) Kitam.

실처럼 가는 잎이 쑥과 비슷하며, 작고 노란 꽃을 피운다. 북부지방의 산비탈 양지바른 풀밭에서 두 뼘 정도 높이로 자란다. 줄기는 가지를 많이 치고 잎은 깃 모양으로 가늘고 깊게 갈라진다. 6~8월에 지름 6mm 정도의 머리모양꽃이 핀다.

흰잎엉겅퀴 국화과

Cirsium vlassovianum Fisch. ex DC.

풀밭에서 허리 높이 가까이 자라며, 줄기에 거미줄 같은 털이 있다. 뿌리잎은 꽃이 필 때 사라지고, 줄기잎은 가장자리에 가시털이 있고, 잎 뒷면은 흰 털이 많아 회백색을 띤다. 8월에 꽃이 피고 총포는 6줄로 배열된다. 우리나라 중부 이북에 자생한다.

2019. 7. 6. 조양천

금혼초 국화과

Hypochaeris ciliata (Thunb.) Makino

냇가나 산지의 풀밭에서 무릎 높이 정도로 자라고, 거의 가지를 치지 않는다. 줄기잎의 밑부분은 줄기를 감싸며, 가장자리에 자잘한 톱니가 있고 잎맥 위에 긴 털이 밀생한다. 6~10월에 지름 3cm 정도의 머리모양꽃이 피고 총포 조각은 4줄로 배열한다.

2016. 6. 25. 아얼산

연지화 앵초과

Primula maximowiczii Regel

옛 여성들의 화장품인 연지臙脂처럼 붉은 꽃이 피며, 영어로도 Rouge Flower라고 한다. 습지 주변이나 풀밭에서 무릎 아래 높이로 자란다. 6~7월에 꽃대를 길게 올려 15~20개의 꽃이 돌려나며, 꽃부리의 길이는 1.5cm 정도다.

2012. 6. 14. 왕청 ©서근나

좁은잎해란초 현삼과

Linaria vulgaris Mill.

들의 양지바른 풀밭에서 두 뼘 남짓한 높이로 자란다. 잎은 줄기 아랫부분에서 어긋나고 윗부분에서는 돌려난다. 6~9월에 줄기 끝에 길이 1.5cm 정도의 꽃들이 총상꽃차례로 달리며, 꿀주머니가 처진다. 국내에는 관상용으로 재배되던 것이 일부 야화되었다.

©임휴종

냉초 현삼과

Veronicastrum sibiricum
(L.) Pennell

산지의 습한 풀밭에서 가슴 높이까지 자란다. 전체에 털이 있으며, 잎은 마디마다 3~9장씩 돌려난다. 6~8월에 꽃부리의 길이 7mm 쯤 되는 자잘한 꽃이 이삭모양꽃차례로 달린다. 제주도를 제외한 전국에 분포하나 주로 북부지방에 분포한다.

2013. 7. 19. 두만강 상류

2016. 6. 26. 아얼산

만주잎갈나무 소나무과

Larix olgensis var. *amurensis*
(Kolesn. ex Dylis) Kitag.

국내에서 흔하게 볼 수 있는 일본잎갈나무(낙엽송)에 비해 구과가 붉다. 고산지대에서 30m 정도 곧게 자라 건축재나 펄프재로 쓰인다. 암수한그루로 5월에 꽃이 피고 구과는 붉은빛을 띤 갈색으로 익는다. 북부지방과 중국 동북지방에 널리 분포한다.

붉은 갈색의 구과

2018. 8. 7. 선봉령 ©전숙희

종비나무 소나무과

Picea koraiensis Nakai

압록강 상류와 만주 지역의 고원지대에서 30m 높이 정도로 자란다. 수피는 얇은 조각으로 떨어지며, 잎은 낫 모양으로 약간 굽고 횡단면이 네모꼴이다. 암수한그루로 5~6월에 2년지의 끝에 구화수가 달리고, 열매는 5~8cm 길이의 원통형으로 처진다.

잎차례

열매 ©김경종

만주곰솔 소나무과

Pinus tabuliformis var. *mukdensis* (Uyeki ex Nakai) Uyeki

일송정 푸른 솔로 잘 알려진 소나무로, 한반도 북단과 만주지역에 분포한다. 높이 25m, 지름 80cm 정도로 성장하며 소나무보다 잎이 굵고 억세고, 구과의 종린이 피라미드처럼 부풀어오르는 특징이 있다.

일송정에서 용정과 해란강을 굽어보는 만주곰솔.
원래의 고목은 일제가 고사시켜서, 같은 종으로 복원한 나무라고 한다. 2013. 7. 19. 용정

종린이 부풀어 오른 구과 ⓒ한승희

자작나무 자작나무과

Betula platyphylla var. *japonica* (Miq.) H. Hara

모습이 귀족적이어서 자작의 작위를 받았다는 설과, 나무가 탈 때 자작소리가 난다는 유래설이 있다. 유라시아 대륙의 한랭한 지역에 분포하고 강원도에 조림지가 많다. 암수한그루로 25m 높이 정도로 자라고, 4~5월에 새잎이 나올 때 꽃이 핀다.

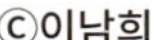

ⓒ이남희

2019. 7. 8. 이도백하

자작나무가 있는 풍경 2016. 9. 28. 내몽고 ©이남희

고원과 대평원의 습지

장지석남
넌출월귤
애기월귤
황산차
긴잎끈끈이주걱
통발
개통발
세잎솜대
민솜대
두메부추
선연리초
진퍼리버들
물미나리아재비
애기금매화
가래바람꽃
능수쇠뜨기
개쇠뜨기
산부채
황새풀
큰황새풀
애기황새풀

송강하 주변 습지의 산부채 군락

보풀
조름나물
물지채
장지채
가는오이풀
검은낭아초
진들딸기

물싸리
제비붓꽃
가는골무꽃
버들까치수염
독미나리
삼취손이
구와가막사리

버들취
큰톱풀
좁은잎흑삼릉
큰바늘꽃
흰털바늘꽃
버들바늘꽃
회령바늘꽃

만주수련
이삭송이풀
큰송이풀
대송이풀
명천송이풀

장지석남 진달래과

Andromeda polifolia f. *acerosa* C. Hartm.

그리스 신화에 나오는 미녀의 이름을 속명으로 쓸 만큼 꽃이 예쁘다. '장지'는 함경북도의 지명이고, 옛 이름 화태석남은 사할린의 한자명을 붙인 것이다. 고원습지에서 한 뼘 남짓한 높이로 자라며, 6~7월에 새가지 끝에 단지 모양의 꽃이 3~5개씩 달린다.

2013. 6. 21. 선봉령

넌출월귤 진달래과

Vaccinium oxycoccus L.

덩굴(넌출)로 기면서 자라서 덩굴월귤이라고도 한다. 잎은 길이 5mm 정도의 장타원형이고 가장자리가 뒤로 말리며 물결 모양의 잔톱니가 있다. 6~7월에 가지 끝에서 연한 분홍색 꽃 한두 개가 아래를 향해 달린다. 열매를 식용한다.

2013. 6. 20. 황송포

열매 ⓒ전준용

2018. 6. 13. 선봉령

애기월귤 진달래과

Vaccinium oxycoccus subsp. *microcarpus* (Turcz.) Kitam.

고원의 습지에서 반 뼘 높이 이하로 자란다. 잎 가장자리가 뒤로 말리며 물결 모양의 톱니가 있고, 6~7월에 가지 끝에 길이 8mm 정도의 꽃 한두 개가 달린다. 넌출월귤과 큰 차이가 없으나 전체적으로 크기가 작고 꽃자루에 털이 없이 매끈하다.

2012. 6. 6. 원지 ⓒ김용문

황산차 진달래과

Rhododendron lapponicum (L.) Wahlenb.

진달래와 비슷하나 늘푸른잎을 달고 있다. 가슴 높이 정도로 자라며, 어린 가지와 잎 뒷면에 적갈색의 인모가 밀생한다. 5~6월에 가지 끝에서 지름 2cm 정도의 꽃이 2~5개씩 달린다. 백두산 주변의 습원을 포함하여 북반구의 한랭한 지역에 분포한다.

긴잎끈끈이주걱 끈끈이귀개과

Drosera anglica Huds.

물이 자작한 습지에서 자라며 잎가장자리와 표면에 긴 샘털이 있어서 끈적한 액체를 분비한다. 녹색의 잎으로 광합성을 하지만 점액으로 곤충을 잡아 질소를 보충한다. 6~7월에 한 뼘 높이의 긴 꽃대를 올려 지름 5mm 쯤 되는 꽃을 피운다.

끈끈이주걱의 꽃

2013. 6. 21. 선봉령

통발 통발과

Utricularia australis R. Br.

못이나 늪에서 고기 잡는 통발처럼 잎에 달린 포충낭이 물벼룩 같은 작은 벌레를 잡아먹는다. 꽃줄기의 높이는 반 뼘 남짓하고, 물속에 있는 잎은 깃 모양으로 갈라진다. 7~8월에 지름 8mm 가량의 꽃이 달리고, 동아를 만들어 물속에서 월동한다.

2011. 8. 12. 송강하

2018. 6. 18. 황송포

개통발 통발과

Utricularia intermedia Hayne

북부지방의 습지나 연못에서 자라는 식충식물이다. 물속의 잎은 2~3회 3출겹잎이고, 6~7월에 길이 1cm 정도의 꽃 2~5개가 핀다. 통발은 잎차례 겨드랑이에 벌레잡이 주머니가 규칙적으로 달리고, 개통발은 따로 자라는 가지에 불규칙하게 달린다.

개통발의 줄기

통발의 줄기

2018. 6. 18. 황송포

세잎솜대 백합과

Smilacina trifolium (L.) Desf.

습한 이끼 틈이나 고원의 습지에서 두 뼘 정도 높이로 자란다. 잎은 3~4장이 달리고, 잎자루가 없이 아랫부분이 줄기를 감싼다. 7~8월에 지름 5mm 정도의 꽃 3~7개가 줄기 끝에 총상꽃차례로 달린다. 백두산 주변과 중국 동북지방에 드물게 분포한다.

민솜대 백합과

Smilacina dahurica Turcz. ex Fisch. & C. A. Mey.

보릿고개 때 풀솜대나 민솜대의 어린순으로 연명해서 지장보살이나 민지장보살이라고도 한다. 풀솜대에 비해 줄기와 꽃차례에 털이 없다. 두 뼘 높이로 자라고, 잎은 4~6장이 두 줄로 배열한다. 6~7월에 줄기 끝에 지름 5mm 정도의 꽃이 총상꽃차례로 달린다.

2018. 6. 9. 오십령 ⓒ조혜경

두메부추

백합과

Allium senescens L.

높은 산지의 양지바른 비탈이나 습지에서 두 뼘 높이 정도로 자란다. 잎에 부추나 파 냄새가 강하고 단면은 반원형이다. 7~8월에 다수의 꽃들이 반구형의 우산모양꽃차례를 이루며, 꽃자루의 단면이 길쭉한 타원형이다. 국내에는 강원도 일부 지역과 울릉도 등지에 자생한다.

2017. 7. 29. 오십령 ©지미경

2012. 7. 3. 두만강 상류

선연리초 콩과

Lathyrus komarovii Ohwi

초원 습지에서 무릎 높이로 자란다. 원줄기에 날개가 있고 작은잎이 1~4쌍인 깃꼴겹잎이다. 6~7월에 길이 1.5cm 가량의 나비 모양 꽃이 잎겨드랑이에 달린다. 덩굴손이 있는 연리초와는 달리 잎차례 끝에 덩굴손이 없다. 강원도 이북 지방에 분포한다.

줄기에 발달한 날개

2018. 6. 6. 황송포 ©김용문

진퍼리버들 버드나무과

Salix myrtilloides L.

고원 습지에서 덤불을 이루며 허리 높이 정도로 자란다. 가지가 많이 갈라지고, 잎가장자리는 밋밋하거나 둔한 톱니가 있으며, 뒷면은 흰색에 가깝다. 암수딴그루로 5~6월에 잎이 전개되면서 꽃이 핀다. 수꽃차례는 가는 원통형이고, 암꽃차례는 난형이다.

수꽃차례

2005. 7. 8. 오십령 ©김경종

물미나리아재비

미나리아재비과

Ranunculus gmelini DC.

북부지방의 얕은 물가에 무리지어 자라며, 줄기가 가늘고 가지를 친다. 잎은 줄기 마디에 한 장씩 달리고 손바닥 모양으로 가늘게 갈라진다. 6~7월에 물 위로 꽃대를 올려 지름 7mm 정도의 꽃이 핀다.

2017. 7. 6. 선봉령 ©전숙희

애기금매화

미나리아재비과

Trollius japonicus Miq.

고산지대의 습원에서 무릎 높이로 자란다. 뿌리잎은 반 뼘 길이의 손바닥 모양으로 깊은 결각이 많고, 줄기잎은 잎자루가 없이 두세 장 달린다. 7~8월에 지름 3cm 정도의 꽃이 원줄기나 가지 끝에 한 개씩 달리며, 꽃잎처럼 보이는 꽃받침 조각은 5~7장이다.

가래바람꽃 미나리아재비과

Anemone dichotoma L.

가지와 잎의 갈라짐이 간단하고 명확하다. 무릎 높이 정도로 자라고, 줄기 윗부분이 두 갈래로 갈라진다. 잎은 줄기 끝과 마디에 두 장씩 마주나며, 각각의 잎은 세 갈래로 깊게 갈라진다. 6~7월에 지름 1.5cm 정도의 꽃이 한 개씩 달린다.

2018. 6. 12. 황송포

능수쇠뜨기 속새과

Equisetum sylvaticum L.

북부지방의 습지에서 무릎 높이까지 자란다. 영양체는 가지가 돌려나서 10cm 정도 자라며 옆으로 퍼져서 밑으로 처진다. 포자체는 처음에는 갈색이고, 곧 녹색의 가지가 돋으며, 포자낭 이삭이 마르면 영양체와 같이 된다. 5~6월에 길이 1~2cm의 포자낭이 형성된다.

포자체

2018. 6. 12. 황송포

개쇠뜨기 속새과

Equisetum palustre L.

북반구의 습지에서 무릎 높이로 자란다. 땅속줄기를 옆으로 뻗으며, 마디가 있고, 마디에서 잔뿌리가 돋는다. 줄기는 잔주름이 많고 가지가 돌려나며 위를 향해 뻗는다. 7~8월에 길이 1~3cm의 포자낭 이삭이 줄기 끝에 달린다. 울릉도와 중부 이북에 분포한다.

포자체

2013. 6. 17. 송강하

불염포와 꽃차례

산부채 천남성과

Lilium tenuifolium Fisch.

하얀 불염포와 꽃차례가 매력적인 산부채는 앉은부채와 근연종이어서 진펄앉은부채라고도 한다. 줄기가 수면에 떠서 옆으로 뻗으며 마디에서 잔뿌리가 나고, 잎과 꽃줄기가 나온다. 6~7월에 방망이 모양의 꽃차례가 엄지손가락 크기로 성숙한다.

황새풀 사초과

Eriophorum vaginatum L.

초원에 황새의 무리가 내려앉은 듯한 풍경을 연출한다. 줄기 밑동은 원통형이고 윗부분은 세모지며, 무릎 높이 정도로 자란다. 7~8월에 줄기 끝에 작은이삭이 산형으로 달리고 솜덩어리처럼 변한다. 국내에서는 강원도의 대암산 일대의 습지에 자생한다.

2013. 6. 21. 선봉령

2016. 6. 6. 신합 ©전숙희

큰황새풀 사초과

Eriophorum latifolium Hoppe

금강산 이북의 고산 습지에 자란다. 줄기는 무릎 높이 정도로 자라고, 땅을 기는 뿌리줄기가 발달한다. 뿌리잎은 모여나며, 줄기잎은 한두 개가 줄기에 붙듯이 달린다. 6~7월에 작은이삭 3~7개가 솜뭉치처럼 달린다. 황새풀은 작은이삭이 한 개다.

2016. 6. 15. 신합 ©서근나

애기황새풀 사초과

Trichophorum alpinum
(L.) Pers.

백두산 주변의 고산 습지에서 한 뼘 남짓 자라는 작은 황새풀이다. 줄기는 촘촘하게 모여나고 단면은 세모꼴로 까칠까칠하다. 6월에 줄기 끝에 한 개의 작은이삭이 달려서 5~10개의 작은꽃을 피운다.

2012. 7. 8. 돈화

보풀 택사과

Sagittaria aginashi Makino

습지나 묵논에서 무릎 높이 정도로 자란다. 벗풀은 땅속줄기 끝에 작은 덩이줄기가 달려 번식하고, 보풀은 가을에 잎겨드랑이에 달리는 20~30개의 구슬눈으로 번식한다. 6~8월에 암꽃이 아래에 수꽃은 위에 달리는 총상꽃차례로 꽃이 핀다.

보풀의 살눈 ⓒ전숙희

2013. 6. 21. 황송포

조름나물 용담과

Menyanthes trifoliata L.

먹으면 졸음이 온다는 나물이다. 습지나 얕은 연못에서 자라며, 물 위의 높이는 두 뼘 정도이고, 잎은 타원형의 작은잎 3장으로 갈라진다. 6~7월 이후에 지름 1cm 정도의 꽃이 총상꽃차례로 달린다. 강원도 고성, 삼척 등지에도 자생한다.

ⓒ서근나

2015. 7. 26. 몽골 테를지

물지채 지채과

Triglochin palustre L.

습지나 물가에서 사초들과 비슷한 모양으로 자라므로 유심히 살펴야 찾을 수 있다. 줄기가 땅을 기며, 잎은 너비 1mm, 길이는 한 뼘 정도로 부추처럼 보인다. 7~8월에 두 뼘 가까이 긴 꽃대가 나와 이삭 모양으로 꽃이 달린다.

©남명자

2018. 6. 7. 황송포 ©서근나

장지채 장지채과

Scheuchzeria palustris L.

세계적으로 1속 1종의 특별한 식물로, 고원의 습지에서 한 뼘 남짓한 높이로 자란다. 잎은 대부분이 뿌리에서 모여나고 줄기잎은 3~4장이 어긋난다. 6~7월에 줄기 끝에 녹갈색 꽃 4~8개가 약 1cm 간격으로 달리며 수술 6개 암술 3개이다.

2013. 7. 19. 황송포

가는오이풀 장미과

Sanguisorba tenuifolia Fisch. ex Link

산과 들의 습지에서 가슴 높이까지 자라며 줄기가 가늘고 가지를 많이 친다. 깃꼴겹잎으로 작은잎은 5~13개이고 길쭉한 타원형이다. 7~8월에 길이 3~6cm 정도의 이삭꽃차례로 꽃이 핀다. 보통 흰 꽃이 피며, 자주색 꽃이 피는 것을 자주가는오이풀로 구분하기도 한다.

2009. 6. 22. 강원(식재) ©이진동

검은낭아초 장미과

Potentilla palustris (L.) Scop.

콩과 식물인 낭아초의 이름이 들어간 검은낭아초(대한식물도감, 1980)보다는, 장미과 식물임을 알 수 있는 '자주쇠스랑개비'(한국쌍자엽식물지, 1974)가 보다 적합한 이름이다. 깃꼴겹잎으로 작은잎은 3~7장이다. 6~7월에 지름 1.5cm 정도의 꽃이 피고 꽃받침이 꽃잎보다 길다.

2018. 7. 25. 노르웨이 ⓒ김화숙

진들딸기 장미과

Rubus chamaemorus L.

부전고원, 백두산 주변 습지에서 한 뼘 정도 높이로 자란다. 암수딴그루로 6~7월에 줄기 끝에 지름 1.5cm 정도의 꽃이 한 개씩 달린다. 열매는 붉은색을 띠다가 완전히 익으면 주황색이 되고, 식용한다.

* 백두산 지역에서 촬영된 자료가 없어서 북유럽에서 촬영한 사진으로 갈음하였다.

수꽃 ⓒ서근나

2012. 6. 28. 압록강 상류

물싸리 장미과

Potentilla fruticosa L.

북부 고산지대의 습지나 물가에서 허리 높이 정도로 자란다. 잎은 3~7개의 작은잎으로 된 깃꼴겹잎으로 가장자리가 약간 뒤로 말린다. 6~8월에 가지 끝이나 잎겨드랑이에서 지름 1cm 정도의 꽃 2~3개가 모여난다.

흰 꽃 ⓒ전준용

제비붓꽃 붓꽃과

Iris laevigata Fisch.

습원 가운데 짙푸른 꽃들이 제비의 무리처럼 보인다. 허벅지 높이 정도로 자라며 잎은 칼날 모양이고 가운데 맥이 없다. 5~7월에 꽃이 피며, 외꽃덮이 가운데 흰 줄무늬가 있다. 근연종인 꽃창포는 외꽃덮이의 줄무늬가 노란색이다.

2013. 6. 16. 액목 ⓒ박해정

2012. 7. 8. 돈화

가는골무꽃 꿀풀과

Scutellaria barbata DC.

북부지방의 습한 초원에서 무릎 높이 아래로 자란다. 잎은 좁은 화살촉 모양을 닮았으며, 가장자리에 밋밋한 톱니가 있고 잎자루는 거의 없다. 6~8월에 길이 1.5cm 정도의 꽃이 비스듬한 각도를 이루며 한쪽으로 치우쳐 달린다.

2013. 6. 16. 액목

버들까치수염 앵초과

Lysimachia thyrsiflora L.

초원의 습지에 자라며 잎이 버들잎 모양이고 높이는 두 뼘 남짓하다. 줄기에 희고 긴 털이 많이 나고, 잎은 90도씩 방향을 바꾸어가며 마주난다. 6~7월에 잎겨드랑이에 자잘한 꽃들이 모여 핀다.

독미나리 산형과

Cicuta virosa L.

미나리보다는 훨씬 크고 불쾌한 냄새가 나며 뿌리에 독성이 강하다. 허리 높이 정도로 곧게 서서 자라며 줄기 속이 비어 있다. 5~8월에 공 모양의 작은꽃차례 20여 개가 모여 큰 우산모양꽃차례를 이룬다. 국내에서는 중부 이북지역에서 매우 드물게 발견된다.

작은꽃차례

2016. 7. 11. 인제 ⓒ박해정

2018. 8. 8. 액목 ©전숙희

삼쥐손이 쥐손이풀과

Geranium soboliferum Kom.

산지의 습한 풀밭에서 무릎 높이 남짓하게 자란다. 잎은 전체적으로는 오각형 모양이고, 5~7갈래로 좁고 깊게 갈라진다. 7~9월에 쥐손이풀속 식물 중에 가장 큰 지름 3cm 정도의 짙은 홍자색 꽃이 핀다. 강원도 이북의 고산지대와 중국 동북지방에 분포한다.

가늘게 갈라진 잎

2017. 7. 5. 안성 © 김경종

구와가막사리 국화과

Bidens radiata var. *pinnatifida* (Turcz. ex DC.) Kitam.

'구와'라는 접두어는 잎이 국화잎을 닮았다는 뜻이다. 백두산 일대의 고산 습지에 분포하는 것으로 알려져 왔으나 국내 여러 곳에서도 관찰된다. 원줄기가 네모지고, 잎은 깃꼴로 갈라지며, 잎자루에 날개가 있다. 6~8월에 지름 2cm 정도의 꽃이 핀다.

2018. 8. 8. 액목 ⓒ전숙희

버들취 국화과

Saussurea amurensis Turcz. ex DC.

북부지방의 습지에서 허리 높이 정도로 자라며, 국내에서도 드물게 발견된다. 뿌리잎은 한 뼘 길이의 버들잎 모양으로 밑부분이 좁아져서 날개 모양이 된다. 7~8월에 머리모양꽃 5~12개가 편평꽃차례를 이룬다. 총포 조각 끝이 뾰족하여 바늘분취라고도 한다.

큰톱풀 국화과

Achillea ptarmica var. *acuminata* (Ledeb.) Heim.

보통 톱풀에 비해 꽃은 큰 편이나 잎가장자리의 톱니는 실톱처럼 자잘하다. 허리 높이까지 자라고 가지를 치지 않으며 줄기 윗부분에 털이 약간 있다. 7~8월에 지름 1~1.5cm의 머리꽃이 편평꽃차례로 달린다. 주로 한랭한 지역의 초원 습지에 분포한다.

좁은잎흑삼릉

흑삼릉과

Sparganium hyperboreum
Laest. ex Beurl.

흑삼릉과 닮았으나 잎이 수면에 달라붙는 특이한 모습을 보인다. 길이는 최대 80cm 정도까지 자라고 잎이 약해서 수면에서 꺾어진다. 6~7월에 꽃줄기에 머리모양꽃차례 여러 개가 달린다. 줄기 위쪽은 수꽃차례 1~2개가, 아래쪽에 암꽃차례가 2~3개가 달린다.

2019. 7. 9. 왕저 ©한승희

수꽃차례

2019. 7. 12. 삼척 ©박태성

큰바늘꽃 바늘꽃과

Epilobium hirsutum L.

산지의 계곡 주변에서 허리 높이 남짓 자라며 가지가 많이 갈라진다. 잎은 긴 타원 모양으로 밑부분이 줄기를 감싼다. 6~7월에 지름 1.3cm 정도의 꽃이 줄기 끝과 잎겨드랑이에 달리며 암술머리가 4개로 갈라진다. 국내에서는 경북, 강원도 일부 지역과 울릉도에 자생한다.

2014. 7. 28. 돈화 ©서근나

흰털바늘꽃 바늘꽃과

Epilobium coreanum Lev.

국가표준식물목록에는 돌바늘꽃으로 통합되어 이명처리되었다. 한 뼘 반 높이 정도로 자라고 잎가장자리에 잔톱니가 있다. 7~8월에 잎겨드랑이에서 연한 분홍색의 꽃이 피고 씨방에 흰털이 밀생한다. 국내에서는 강원도 계방산과 울릉도에 자생한다.

2013. 9. 18. 액목 ⓒ전숙희

버들바늘꽃 바늘꽃과

Epilobium palustre L.

강원도 정선 이북, 울릉도의 물가나 습지에서 무릎 높이 정도로 자란다. 줄기 밑에서 기는줄기가 발달하여 땅속 또는 땅위로 길게 뻗는다. 잎은 매우 좁고 가장자리에 밋밋한 톱니가 있다. 6~8월에 지름 1cm 정도의 꽃이 피며 회령바늘꽃 크기의 두 배 쯤 된다.

회령바늘꽃 바늘꽃과

Epilobium fastigiatoramosum Nakai

함북 회령 일대, 강원도 정선 이북의 산지나 습지에서 무릎 높이 정도로 자란다. 줄기 윗부분에 털이 많고, 잎자루는 아주 짧으며 가장자리가 밋밋하다. 6~8월에 지름 5mm 정도의 꽃이 피고 꽃자루와 씨방에 굽은털이 밀생한다. 땅위로 기는줄기를 뻗기도 한다.

만주수련 수련과

Nymphaea tetragona var. *tetragona*

각시수련과 비슷하나 각시수련의 꽃잎 8장에 비해 훨씬 많은 꽃잎이 달린다. 이 수련을 만주수련으로 부르게 된 근거는 찾지 못했다. 6~8월에 지름 3.5cm 정도의 꽃이 피며, 꽃받침은 4장, 꽃잎은 12~16장이다. 중국 북부의 얕은 연못에서 관찰된다.

2013. 7. 18. 돈화

ⓒ전준용

2014. 7. 15. 내몽고

이삭송이풀 현삼과

Pedicularis spicata Pall.

산지 계곡 풀밭이나 습지에서 한 뼘 반 정도 높이로 자란다. 잎이 좁고 길며 새깃 모양으로 갈라지고 갈래조각의 끝은 둥글다. 7~8월에 줄기 윗부분과 잎겨드랑이에 이삭모양꽃차례로 꽃이 핀다. 구름송이풀과 비슷하나 잎이 좁으며, 상순 꽃잎이 현저하게 작다.

2015. 7. 15. 선봉령 ©서명원

큰송이풀 현삼과

Pedicularis grandiflora Fisch.

백두산 주변의 초원 습지에서 허리 높이 이상 자라며, 줄기는 속이 비어 있고 능선이 있다. 줄기잎은 3회 깃꼴겹잎으로 피침형이고 잎자루 밑부분이 넓어져서 원줄기를 감싼다. 7~8월에 줄기와 가지 끝에서 꽃이 성기게 달리고 꽃자루가 짧다.

2018. 8. 8. 액목 ©민경화

대송이풀 현삼과

Pedicularis sceptrumcarolinum L.

북부지방의 깊은 산지나 습지에서 무릎 높이 아래로 자란다. 가지를 치지 않으며 전체에 짧은 털이 있고 잎의 길이는 한 뼘 남짓하다. 7~8월에 길이 4cm 쯤 되는 꽃이 줄기 끝에 이삭 모양으로 달린다. 한반도 북부를 포함한 유라시아대륙에 분포한다.

2017. 7. 6. 선봉령 ⓒ민경화

명천송이풀 현삼과

Pedicularis resupinata
f. *spicata* Nakai

송이풀과 닮았고, 꽃이 드문드문 달려서 나카이가 품종으로 등록했으나, 국가표준식물목록에서는 같은 종으로 통합하고, '명천송이풀'은 송이풀의 이명으로 처리했다. 백두산 주변의 습지에서 무릎 높이 정도로 자라고 7~9월에 꽃이 핀다.

백두산에 피는 난초들

복주머니란
복주머니란의 색상변이종
노랑복주머니란
털복주머니란의 색상변이종
산서복주머니란
애기풍선난초

왕청현의 얼치기복주머니란 군락 ©조혜경

제비난초
흰제비란
산제비란
구름제비란
고산제비란
넓은잎잠자리란
개제비란
나도제비란
너도제비란
큰방울새란
감자난초
키다리난초
나도씨눈란
습원란
손바닥난초
구름병아리난초
이삭단엽란
쌍잎난초
산호란
애기사철란
유령란

복주머니란 복주머니란속

Cypripedium macranthos Sw.

복주머니란은 입술꽃잎이 복주머니처럼 생겨서 붙은 이름이다. 두 뼘 높이 정도로 자라며, 잎은 줄기 아래쪽에 두세 장이 달린다. 6월 초순에 분홍색, 자주색, 흰색의 꽃이 핀다. 교잡종인 얼치기복주머니란에 비해 등꽃받침과 곁꽃받침이 거의 꼬이지 않는다.

2011. 6. 16. 왕청

복주머니란의 색상변이종

국가표준식물목록에는 흰복주머니란, 미색복주머니란, 장미빛복주머니란, 분홍복주머니란, 왕복주머니란, 레분복주머니란 등의 이름이 올라 있으나, 「한국의 난과식물도감」(이남숙)에서는 이를 모두 색상변이종으로 보아 복주머니란에 통합하였다.

©김상경

©김상경

노랑복주머니란

복주머니란속

Cypripedium calceolus L.

노란 복주머니를 자주색 리본으로 장식한 아름다운 난초다. 무릎 높이 정도로 자라고, 복주머니란에 비해 꽃의 크기가 약간 작다. 6월 초순에 줄기 끝에서 한두 개의 꽃이 피며, 입술꽃잎의 폭은 2cm 정도이고, 자주색의 곁꽃받침은 4cm 정도로 길고, 꼬이는 특징이 있다.

2011. 6. 16. 왕청

얼치기복주머니란

복주머니란속

Cypripedium × ventricosum Sw.

복주머니란과 노랑복주머니란의 자연교잡종으로, 모종과의 역교배로 갖가지 색상과 형태가 나타난다. 대체로 주머니를 닮은 순판보다 곁꽃받침이나 윗꽃받침의 색이 짙게 나타나며, 곁꽃받침은 노랑복주머니란의 특징인 꼬임 현상을 보인다.

2018. 5. 30. 왕청 ⓒ조혜경

얼치기복주머니란의 색상변이종

국가표준식물목록의 양머리복주머니란, 자주복주머니란, 겨자복주머니란, 흰노랑복주머니란 등을 「한국의 난과식물도감」(이남숙)에서는 얼치기복주머니란으로 통칭하였다.

ⓒ이경서

ⓒ조혜경

ⓒ김상경

털복주머니란

복주머니란속

Cypripedium guttatum Sw.

국내에서는 몇 개체가 울타리 안에서 보호될 정도로 희귀하나, 백두산 중턱과 주변 여러 지역에서 군락을 이루고 있다. 줄기에 긴 털이 많이 나고 한 뼘 반 정도 높이로 자란다. 잎은 줄기 중간에서 거의 마주나고, 6~7월에 복주머니란 꽃보다 훨씬 작은 꽃이 핀다.

2012. 7. 5. 소천지

털복주머니란의 색상변이종

국가표준식물목록에는 흰털복주머니란, 분홍털복주머니란이 올라 있다.

2012. 6. 8. 왕청 ©전준용

산서복주머니란

복주머니란속

Cypripedium shanxiense
S. C. Chen

중국 산서성에서 처음 발견되었고, 백두산 주변 산지에서 매우 드물게 발견된다. 비슷한 색상의 얼치기복주머니란을 산서복주머니란으로 오인하는 사례가 많다. 5~7월에 줄기 끝에 1~3개의 꽃이 핀다. 다른 복주머니란에 비해 입술꽃잎이 작고 좁으며, 흔히 짙은 반점이 있다.

애기풍선난초

풍선난초속

Calypso bulbosa (L.) Oakes var. *bulbosa*

꽃이 아름답고 입술꽃잎이 슬리퍼 모양을 닮아서 영어로는 'fairy slipper'(요정의 슬리퍼)나 'Venus's slipper'(비너스의 슬리퍼)라고 한다. 잎은 한 장으로 세로 주름이 있고 가죽질이며 가을에 나와 꽃이 핀 다음 사라진다. 6월 초순에 폭 2.5cm 정도의 꽃이 꽃대 끝에 한 개씩 달린다.

2013. 6. 17. 지하삼림

2018. 6. 17. 내두산 ⓒ조혜경

새둥지란 새둥지란속

Neottia nidusavis var. *manshurica* Kom.

함경도 대홍산에서 처음 발견되어 홍산무엽란으로 불리기도 했다. 부생란으로 한 뼘 남짓하게 자라며, 땅속줄기가 밀집되어 새둥지처럼 생겼다. 6~8월에 5mm 정도의 꽃이 총상꽃차례로 달리며 입술꽃잎이 2갈래로 갈라진다.

2018. 6. 4. 지하삼림

애기무엽란 제비난초속

Neottia asiatica Ohwi

고산지대의 숲 그늘에서 한 뼘 남짓 자라는 부생란이다. 뿌리는 모여 나며, 땅속줄기는 짧고 줄기에 털이 없다. 새둥지란과 비슷하나 줄기가 가늘고 꽃차례가 빈약하다. 6~8월에 지름 4mm 정도의 꽃이 총상꽃차례로 달리며, 입술꽃잎이 갈라지지 않는다.

수림란 수림란속

Androcorys pusillus (Ohwi & Fukuy.) Masam.

침엽수림에서 자란다는 의미로 명명된 이름으로, 2013년에 국내미기록종으로 발표되었다. 일본과 대만에서는 5~6월에, 백두산에서는 7월에 개화한다. 꽃받침 가장자리에 톱니가 있고, 꽃잎이 가운데 꽃받침처럼 넓으며, 포가 큰 편이다.

2009. 7. 19. 지하삼림 ⓒ김상경

2018. 6. 19. 모아산

제비난초 제비난초속

Platanthera freynii Kraenzl.

꽃을 가까이 들여다보면 제비가 나는 모습이 보인다. 주로 숲의 반그늘에서 볼 수 있고, 무릎 높이까지 자란다. 6~7월에 폭 1.5cm 정도 되는 꽃이 이삭꽃차례로 달린다. 양지바른 곳에 자라는 개체는 꽃차례가 치밀하고 짧으며, 그늘에서는 꽃차례가 성기게 늘어진다.

흰제비란 제비난초속

Platanthera hologlottis Maxim.

고산지대의 습한 풀밭에서 허리 높이 정도까지 자란다. 잎은 5~12장으로, 아래쪽 잎이 크다. 7~8월에 폭 1cm 정도의 꽃이 이삭꽃차례로 달리고 향기가 있다. 입술꽃잎은 긴 타원 모양이고, 꿀주머니가 밑으로 처진다. 국내에서도 드물게 자생한다.

2019. 7. 17. 액목습지 ©전숙희

산제비란

제비난초속

Platanthera mandarinorum Rchb. f.

사는 곳을 특정할 수 없을 정도로 다양한 지역과 환경에서 드물게 만나는 난초다. 6~7월에 5~14개의 꽃이 이삭꽃차례로 달리고 꽃의 길이는 2cm, 꿀주머니는 1.5cm 정도이다. 꿀주머니가 위로 길게 솟구치는 개체를 하늘산제비란으로 부르기도 한다.

2013. 7. 19. 소천지

2009. 7. 17. 서백두 © 김상경

구름제비란

제비난초속

Platanthera ophrydioides
F. Schmidt

백두산과 강원도 북부 산지의 숲 그늘에서 두 뼘 높이 정도로 자란다. 아랫부분의 큰 잎은 줄기를 감싸며 줄기 중간에 2개의 비늘잎이 달린다. 7~8월에 5~15개의 꽃이 이삭모양꽃차례로 달린다. 잎의 특징을 제외하고는 산제비란과 비슷하므로 분류학적 검토가 필요하다.

고산제비란

제비난초속

Platanthera chorisiana (Cham.) Rchb. f.

높은 산의 초원이나 반그늘에서 한 뼘 가까이 자란다. 잎은 줄기 아랫부분에 보통 2장이 달린다. 7~8월에 길이 1cm 정도의 꽃들이 이삭모양꽃차례로 달린다. 2005년에 발표되었으며, 한반도 자생여부는 확인되지 않았고, 국가표준식물목록에 올라 있지 않다.

2015. 7. 13. 소천지 © 김상경

2018. 6. 17. 모아산

넓은잎잠자리란

제비난초속

Platanthera fuscescens (L.) Kranzl.

깊은 산지의 숲이나 계곡을 따라 무릎 높이까지 자란다. 잎은 2~3장이 어긋나며 잎맥이 5~7줄이고, 나도잠자리란은 잎맥이 1줄이다. 6~8월에 폭 1cm 정도의 꽃이 한 뼘 가까이 되는 이삭꽃차례로 달린다. 국내에서는 강원, 경기, 전남북의 높은 산지에서 드물게 발견된다.

개제비란

개제비란속

Dactylorhiza viridis (L.) R. M. Bateman

높은 산의 풀밭이나 숲 그늘에서 한 뼘 남짓한 높이로 자란다. 6~8월에 길이 1cm 정도의 꽃이 피며, 입술꽃잎은 3갈래로 곁갈래가 가운데 갈래보다 크다. 풀밭에서 자라는 개체는 꽃차례가 조밀하고 그늘에서는 성기게 달린다. 포태제비란은 개제비란의 형태변이로 여겨진다.

2010. 7. 24. 소천지 © 이진동

녹화 개제비란 ©김상경

나도제비란

나도제비란속

Galearis cyclochila (Franch. & Sav.) R. Soó

높은 산의 습기가 많은 숲 속이나 습지 주변에서 반 뼘 남짓한 높이로 자란다. 줄기는 각이 지고 뿌리에서 한 개의 잎이 나고 자루가 있다. 6~7월에 길이 1cm 정도의 꽃이 줄기 끝에 2개씩 달리며, 입술꽃잎에 분홍색 반점이 있다.

흰색 변이

2018. 7. 7. 왕지 © 전준용

너도제비란

나비난초속

Orchis jooiokiana Makino

이름은 제비지만 한반도에서는 유일한 나비난초속의 난초다. 한 뼘 반 가까이 줄기를 곧게 올리며 1~3장의 긴 타원형 잎이 달린다. 7~8월에 3~10개의 꽃이 손가락 길이 쯤 되는 꽃차례를 이룬다. 꽃의 폭은 1.5cm, 길이는 2cm 정도고 한쪽으로 치우쳐 핀다.

2015. 7. 15. 황송포 © 서근나

큰방울새란 방울새란속

Pogonia japonica Rchb. f.

흔하지도 귀하지도 않은 난초지만 북반구의 습지에 널리 분포하는 세계적인 난초다. 긴 타원 모양의 잎이 줄기 가운데 부분에 한 장 달리고 꽃 뒤에는 잎 모양의 포가 달린다. 6~7월에 꽃이 피고, 방울새란이 꽃을 거의 열지 않는데 비해 꽃잎을 많이 여는 편이다.

2018. 6. 19. 선봉령

감자난초 감자난초속

Oreorchis patens (Lindl.) Lindl.

국내에 비교적 흔한 난초이나 백두산에서 만나면 반갑다. 땅속에 감자 모양의 덩이줄기를 만들기 때문에 감자난초라고 한다. 잎은 보통 한 장씩 달리나, 두 장이 달리는 개체도 있다. 6월에 한 뼘 길이의 꽃차례로 꽃이 피며, 입술꽃잎 끝부분에 돌기가 있다.

키다리난초

나리난초속

Liparis japonica (Miq.) Maxim.

제주도를 제외한 전국에 드물게 분포하며, 나리난초와 구분하기 어려울 정도로 비슷하다. 이름과는 달리 나리난초에 비해 키가 크지 않은데, 일본명 '키다리방울벌레란' セイタカスズムシソウ을 잘못 번역한 이름으로 추정된다.

2013. 6. 22. 모아산

키다리난초와 나리난초 비교

1. 키다리난초(왼쪽)와 나리난초(오른쪽). 키다리난초는 높이와 상관없는 이름이다.

2. 키다리난초(왼쪽)는 입술꽃잎 가장자리가 뒤로 말려 사각형처럼 보이는 데 비해, 나리난초(오른쪽)는 입술꽃잎이 둥글고 편평하게 보인다.

2013. 7. 21. 왕지

나도씨눈란

씨눈난초속

Herminium monorchis (L.) R. A. Br

꽃이 볍씨처럼 자잘하고 녹색이어서 볼품이 별로 없다. 산지의 풀밭에서 두 뼘 미만의 높이로 자란다. 잎은 꽃줄기 아랫부분에 2개가 나고, 좁고 긴 타원 모양이다. 7~8월에 지름 5mm 정도의 자잘한 꽃들이 이삭꽃차례로 달린다.

습원란 습원란속

Hammarbya paludasa (L.) Kuntze

백두산 자락의 이탄습지 가장자리에 소수 개체가 자생하며, 2016년에 발표되었다. 7월에 반 뼘 남짓한 꽃대를 올려 이삭모양꽃차례로 자잘한 꽃들이 달린다. 국가표준식물목록에 등록되지 않은 국내미기록종이다.

2014. 7. 15. 황송포 인근 © 김상경

손바닥난초 손바닥난초속

Gymnadenia conopsea (L.) R. A. Br

덩이뿌리의 모양이 손바닥처럼 생겼으며 꽃줄기의 높이는 두 뼘 정도다. 높은 산의 양지바른 풀밭이나 잡목 속에서 자라며, 잎은 3장 이상이고 좁은 피침형이다. 6~8월에 자잘한 꽃들이 반 뼘 길이의 꽃차례를 이루며 향기가 좋다. 국내에는 한라산 정상부에서 드물게 볼 수 있다.

2014. 7. 13. 서백두 ©김상경

2011. 8. 10. 부석림

구름병아리난초

구름병아리난초속

Neottianthe cucullata (L.) Schltr.

구름 머무는 높은 곳에 산다는 이름이나 백두산에서는 상대적으로 낮은 숲에서 자란다. 잎은 뿌리 근처에서 2장이 달리고, 꽃줄기에 드문드문 포가 있다. 6~7월에 지름 6mm 정도의 꽃이 총상꽃차례로 한쪽으로 치우쳐 달린다. 국내에는 드물게 분포한다.

2009. 7. 19. 저하삼림 ©김상경

이삭단엽란

이삭단엽란속

Microstylis monophyllos (L.) Lindl.

높은 산의 침엽수림에서 한뼘 반 높이까지 자란다. 단엽란이라고 하나 잎이 두 개인 경우도 종종 있다. 7월에 지름 3mm 정도의 연한 황록색 꽃들이 이삭꽃차례를 이루며 핀다. 국내에서는 경기도 가평과 강원도 동부 고산지대에서 자생한다.

쌍잎난초 새둥지란속

Neottia pinetorum (Lindl.) Szlach.

난초과 중에서는 보기 드물게 두 장의 잎이 마주난다. 쌍잎난초속으로 분류하여 왔으나 유전자분석 결과 새둥지란속에 포함되었다. 한 뼘 안팎의 높이로 자라며, 줄기 중간에 두 장의 잎이 마주난다. 백두산 일대의 전나무, 가문비나무 숲 그늘에 자란다.

2011. 8. 3. 지하삼림 ⓒ전준용

산호란

산호란속

Corallorhiza trifida Chatel.

땅속줄기가 산호 모양으로 갈라지며 숲이나 숲 가장자리에서 자란다. 줄기는 한 뼘 높이의 통 모양이고, 뿌리와 잎이 없으며 줄기 아래쪽에 잎집이 있다. 6~8월에 4~8mm 크기의 꽃이 줄기 끝에 달린다. 백두산 자락 해발 1,500~2,000m 높이의 수목지대에서 볼 수 있다.

산호 모양의 뿌리

2011. 8. 10. 지하삼림 ⓒ 김상경

애기사철란

사철란속

Goodyera repens (L.) R. Br.

고산지대의 침엽수림에서 한 뼘 이하의 높이로 자란다. 뿌리줄기가 옆으로 뻗으며, 잎은 꽃줄기 아랫부분에 모여나고 잎 표면에 흰색의 그물무늬가 있다. 7~8월에 줄기 윗부분에 폭 4mm 정도의 꽃이 한쪽으로 치우쳐서 달린다. 국내에서는 높은 산지에서 드물게 발견된다.

유령란

유령란속

Epipogium aphyllum Sw.

고원지대의 습하고 어두운 숲에서 유령처럼 나타나며 전체가 반투명하다. 꽃이 호랑이 혀를 닮아서 호설란虎舌蘭이라고도 한다. 부생란으로 한 뼘 남짓한 높이로 자라며, 잎과 뿌리가 없는 대신 산호 모양의 땅속줄기가 있다. 8월 초순에 15mm 정도의 꽃이 피며, 입술꽃잎이 위쪽에 위치한다.

2011. 8. 10. 지하삼림

잎술꽃잎이 위쪽에 달린 모습

찾아보기

ㄱ

백두산 꽃나들이

초판 1쇄 발행 2019년 10월 30일

지은이 이재능
펴낸이 정재탁
펴낸곳 (학)신구학원신구문화사
디자인 최중원(토스티드페이지)
색보정 오명현

등록 1968년 6월 10일 제1-205호
주소 경기도 성남시 중원구 광명로 377 신구대학교 우촌학사 1층
전화 031-741-3055~6, 031-741-3054(팩스)
이메일 shingupub@naver.com
홈페이지 www.shingubook.com

ISBN 978-89-7668-250-5 03480

이 도서의 국립중앙도서관 출판시도서목록(CIP)은 서지정보유통 지원시스템 홈페이지(http://seoji.nl.go.kr)와 국가자료공동목록시스템(http://www.nl.go.kr/kolisnet)에서 이용하실 수 있습니다. (CIP제어번호: CIP2019036851)